Birkmayer/Riederer

Neurotransmitter
und menschliches Verhalten

Springer-Verlag Wien New York

Prof. Dr. Walther Birkmayer
Konsulent des Evangelischen Krankenhauses, Wien

Prof. Dr. Peter Riederer
Leiter der Arbeitsgruppe Neurochemie, Ludwig Boltzmann-
Institut für Klinische Neurobiologie, Wien

Das Werk ist urheberrechtlich geschützt.
Die dadurch begründeten Rechte, insbesondere die der Übersetzung,
des Nachdruckes, der Entnahme von Abbildungen,
der Funksendung, der Wiedergabe auf photomechanischem
oder ähnlichem Wege und der Speicherung in Datenverarbeitungsanlagen,
bleiben, auch bei nur auszugsweiser Verwertung, vorbehalten.
© 1986 by Springer-Verlag/Wien

Die Wiedergabe von Gebrauchsnamen, Handelsnamen, Warenbezeichnungen
usw. in diesem Buch berechtigt auch ohne besondere Kennzeichnung nicht
zu der Annahme, daß solche Namen im Sinne der Warenzeichen- und
Markenschutz-Gesetzgebung als frei zu betrachten wären und daher von
jedermann benutzt werden dürften

Mit 14 Abbildungen

Umschlagbild: Abstrakte Darstellung der Gehirnfunktion. Die einzelnen Bahnen stellen die
Funktion bestimmter Übertragersubstanzen (Neurotransmitter) dar. Kreuzungspunkte
symbolisieren die gegenseitige Beeinflussung. Die chemische Balance des Gehirns spiegelt
sich in der geistigen Harmonie (und vice versa) wider
(Entwurf: Dr. Paul Kruzik, Wien; Reinzeichnung: Wolfgang Rieder, Wien)

CIP-Kurztitelaufnahme der Deutschen Bibliothek
Birkmayer, Walther:
Neurotransmitter und menschliches Verhalten /
W. Birkmayer; P. Riederer. — Wien; New York:
Springer, 1986.
ISNB13: 978-3-211-81923-4

NE: Riederer, Peter:

ISNB13: 978-3-211-81923-4   e-ISBN-13: 978-3-7091-8858-3
DOI: 10.1007/978-3-7091-8858-3

Wir widmen dieses Buch unseren Frauen
Anny Birkmayer (Besler) und Inge Riederer (Winkelmayer)
als Dank für ihre jahrelange Mitarbeit
und Anteilnahme an unserer Arbeit

Geleitwort

Professor Walther Birkmayer, einer der Mitentdecker der neurochemischen Ursachen und der Substitutionstherapie des fehlenden Transmitters bei der Parkinson-Krankheit, und Professor Peter Riederer haben in dem vorliegenden Werk erfolgreich versucht, das derzeitige Wissen um die Biochemie, die synaptische Übertragung zwischen Neuronen, zu deren Erforschung beide Autoren wesentlich beigetragen haben, zusammenfassend darzustellen und mit den Ergebnissen der Verhaltensforschung in Beziehung zu setzen.

Unter menschlicher Verhaltenskunde oder Human-Ethologie verstehen wir jenes Wissen um menschliches Verhalten, das mit den Methoden der von K. Lorenz, K. Tinbergen und K. von Frisch, die dafür mit dem Nobelpreis für Medizin ausgezeichnet wurden, begründeten Verhaltensforschung erarbeitet wurde. Diese Methoden wurden dann vor allem im Normalbereich von I. von Eibl-Eibesfeldt und im pathologischen Bereich von D. von Ploog angewendet und haben entscheidend zum Verständnis biologisch determinierten Verhaltens beigetragen. Ausgehend von diesen Beobachtungen wurden vor allem das Befinden und seine Störungen, wie sie für den Menschen typisch sind und nur von diesem dank der Sprache auch genau beschrieben werden können, berücksichtigt.

Ein wichtiges Kapitel betrifft daher den Morbus Parkinson, die Depression, das vegetative Nervensystem und seine Beziehung zum affektiv-emotionalen Geschehen, und damit behandeln die Autoren in vorzüglicher Weise die engeren Probleme, die sich aus der modernen psychosomatischen oder ganzheitlichen Betrachtungsweise verschiedener Krankheiten ergeben. In enger Beziehung dazu stehen

Schmerz und Schlaf. In den Kapiteln über neurotische Entwicklungen und Persönlichkeitsstörungen machen die Autoren aber klar, daß die neurobiologische Betrachtungsweise eine Voraussetzung für das Verständnis des gesunden und kranken Seelenlebens unter Berücksichtigung psychosozialer Aspekte ist.

Gerade in diesen Kapiteln macht das Buch sehr deutlich, daß beide Betrachtungsweisen nötig sind, wenn man den genannten Phänomenen auf den Grund gehen will, wobei aber die neurobiologische Forschung gegenüber der psychosozialen Forschung den Vorteil hat, daß sie sich auf eine bestimmte Wissenschaftstheorie stützt, nämlich die Erkenntnistheorie des Positivismus oder, moderner, auf die des kritischen Rationalismus im Sinne von K. R. Popper. Die psychosozialen Wissenschaften leiden demgegenüber an dem Mangel einer einheitlichen Wissenschaftstheorie oder Erkenntnistheorie, da sich die genannten Formen auf ihre Disziplin nicht anwenden lassen, ohne diese teilweise in Frage zu stellen.

Dieses von großem Wissen und Forschergeist getragene Buch, das in einer sehr klaren und knappen Form wichtige Forschungsergebnisse nicht nur darzustellen, sondern auch synthetisch zusammenzufügen vermag, zeigt einmal mehr, wie dringend und notwendig die psychosozialen Wissenschaften einer adäquaten vergleichenden grundlegenden Wissenschafts- und Erkenntnistheorie bedürfen, um diesem grundlegenden Buch auf psychosozialer Seite ein ähnliches entgegensetzen zu können. Vielleicht kann uns hier die evolutionäre Erkenntnistheorie, die in diesem wichtigen Werk deutliche Spuren hinterlassen hat, weiterhelfen.

Prof. Dr. *W. Pöldinger*
Ärztlicher Direktor der
Psychiatrischen Universitätsklinik
Basel

Vorwort

Das vorliegende Buch ist das komprimierte Ergebnis einer mehr als 40 Jahre dauernden Periode klinischer Beobachtungen, therapeutischer Bemühungen und hypothetischer Schlußfolgerungen. Seine Absicht ist, den Menschen in sich und in seiner Umwelt als Ganzes zu erfassen. Am Beginn stand die Tätigkeit Prof. Dr. W. Birkmayers im Wiener Hirnverletzten-Lazarett (1942–1945). Diese Phase brachte weniger neue Erkenntnisse über Defekte der Hirnrinde als neue Beobachtungen im Instinktbereich des Hirnstammes. Diese Beobachtungen, die in einer Monographie ausführlich beschrieben wurden, führten zu der Erkenntnis, daß ein Defekt nicht immer Minussymptome verursachen muß, sondern daß Läsionen die Balance verschiedener Wirkstoffe stören, wodurch Plus- oder Minussymptome ausgelöst werden können. In Übereinstimmung damit konnte bei zahlreichen Patienten mit Hirnstammverletzungen durch Belastungstests (z. B. Adrenalin bzw. Insulin, angeregt durch Prof. K. Eppinger und Prof. Dr. F. Hoff) gezeigt werden, daß verschiedene zum Teil paradoxe Reaktionsmuster ausgelöst wurden. Wir bezeichneten diese Fehlreaktion als „vegetative Ataxie" und meinten, daß fehlende Feedbackregulationen für solche Koordinationsstörungen im vegetativen Bereich verantwortlich seien. Vom klinischen Gesichtspunkt war es naheliegend, verschiedene Defektsymptome wie Alkoholunverträglichkeit, vorzeitiges Nachlassen der geistigen Leistungen, verstärkte Wetterempfindlichkeit, depressive Entgleisungen und emotionale Entladungen (Raptus) oder apathische Reaktionen (Totstellreflex) anzuschuldigen, d. h. die Pathologie unseres gesamten Verhaltens auf die Schwere der Hirnstammverletzung zurückzuführen.

Was fehlte, war ein objektiver Beweis. Die Entdeckung der biogenen Amine und ihrer Synthese, an der Forscher wie P. Holtz, H. Blaschko und Marthe Vogt so maßgeblich beteiligt waren, eröffnete den experimentellen Zugang zur Korrelation von „Verhaltensmustern" und der Funktion dieser Überträgerstoffe. Brodie konnte zeigen, daß Reserpin eine Entleerung der Nervenzellen an bestimmten Transmittern bewirkt. Klinisch wurde dieser pharmakologisch ausgelöste Effekt mit Blutdruckabfall und psychischen Veränderungen (Depressionen) verknüpft. Der entscheidende Durchbruch für die Verifizierung der Hypothese, daß Neurotransmitter das Verhalten von Tier und Mensch steuern, gelang A. Carlsson. Er und seine Mitarbeiter entdeckten im Tierversuch den Zusammenhang von Dopaminentleerung und motorischem Defizit. Dieser Defekt wurde durch die Verabreichung von L-Dopa aufgehoben. Damit war ein spezifischer Effekt, der durch einen spezifischen chemischen Stoff (Reserpin) ausgelöst und durch eine spezifische chemische Substanz — nämlich L-Dopa — rekompensiert werden konnte, aufgezeigt. Dieser Tierversuch wird als eine Sternstunde der Neurologie angesehen.

Ein echter Quantensprung in der Naturwissenschaft entsteht dann, wenn ein klinisches Beobachtungskontingent durch pathologisch-anatomische oder biochemische Befunde bestätigt werden kann. Wir haben dieses Phänomen als „evolutionär-kognitive Koinzidenz" bezeichnet. Was in verständlichem Deutsch nichts anderes besagt, als daß nur eine Zusammenarbeit von Grundlagenforschung und klinischer Beobachtung zu Fortschritten in der Naturwissenschaft führt. Eine solche Koinzidenz entstand 1971, als der Chemiker Dr. P. Riederer in das Ludwig Boltzmann-Institut für Neurochemie eintrat. Die in diesem Buche dargelegten Resultate sind Ergebnisse dieser so erfolgreichen Kooperation. Sie sind natürlich keinesfalls Endprodukte, sondern Zwischenstufen, die jedoch jedenfalls therapeutische Handlungen ermöglichen. Wir sind uns dessen bewußt, daß viele

Überträgersubstanzen noch nicht endeckt worden sind und daß es der gegenwärtige Wissensstand nicht erlaubt, die Beziehungen der meisten Neuronensysteme zueinander exakt zu erfassen bzw. zu beurteilen. Das Buch erfaßt somit nur vereinzelte Module, deren integrales Verhalten erst durch zukünftige Forschung einer exakt wissenschaftlichen Zusammenschau zugänglich sein werden. Es ist daher unser primäres Anliegen, eine Arbeitshypothese zu formulieren, die auf der Basis der evolutionären Erkenntnistheorie beruht und Stimulus für weitere Forschung sein soll.

Chemisch und klinisch erfaßbare Parameter können jetzt weitgehend zur Kenntnis gebracht und durch gezielte Maßnahmen rekompensiert werden, d. h. die Wiederherstellung der Balance der Neurotransmitter ist das Ziel einer spezifischen Therapie und die Voraussetzung des humanen Verhaltens.

S. Freud hat im ersten Weltkrieg schon vorausgesagt, daß „die Biochemie Stoffe entdecken wird, die unsere Hypothesen bestätigen oder widerlegen werden".

Die Biochemie hat nicht die Aufgabe, psychoanalytische Hypothesen zu widerlegen – so ist z. B. der Ödipuskomplex biochemisch weder zu widerlegen noch zu bestätigen. Man kann nur erkennen, daß das ödipale Verhalten eines Menschen entweder zu einer Freisetzung aktivierender Neurotransmitter – z. B. Noradrenalin – mit Aggression, Antriebssteigerung, Steigerung der kulturellen, geistigen und finanziellen Kapazität führt, oder daß der ödipale Auslöser zu einer Resignation des Sohnes mit einem emotionalen Totstellreflex und mit Überwiegen parasympathischer Aktivität – z. B. Serotonin – führt.

Dieses ausführliche Vorwort soll den Leser in eine Problematik einführen, deren Kenntnis und Erkenntnis zu einem besseren Verständnis des eigenen Verhaltens und des der Mitmenschen beitragen.

Wien, im Juli 1986   *W. Birkmayer* und *P. Riederer*

Danksagung

An dieser Stelle möchten wir Herrn Dipl.-Ing. Dr. P. Kruzik für die Mitwirkung bei der Ausarbeitung von graphischen Darstellungen sehr herzlich danken. Dem Springer-Verlag Wien danken wir für die hervorragende Ausstattung des Buches, Frau Dr. E. Handerek und Frau I. Riederer für die sorgfältige Herstellung des Manuskriptes.

Inhaltsverzeichnis

Verzeichnis der Präparatenamen und „Generic Names" . XIV
Abkürzungen XVI
Allgemeiner Teil 1
   Neurotransmittersysteme 1
   Regelmechanismen 9
   Neuron 11
   Biologische Dekompensationen durch einzelne
   Neurotransmitter 17
   Noradrenalin 17
   Serotonin 18
   Dopamin 18
   Angriffspunkte und Zielwirkung der Psychopharmaka . . 20
   Wesentliche Gruppen 23
Schmerz 32
Schlaf 44
   Balance zwischen Energieverbrauch und Energieaufbau 47
   Störfaktoren des Schlafes und Therapiemöglichkeiten . 48
   Pathogene Schlafphasen 54
   Klimatische Bedingungen 54
Parkinson-Krankheit 56
   Vegetative Entgleisungen 69
   Synopsis der Therapie 77
Depression 81
Vegetativ-affektive Dekompensation 96
   Therapie 101
   Magersucht und Fettsucht 103
Neurosen 105
Psychopathien 109
Neurotransmitter im Alter 117
Bedeutung der Neurotransmitter für das Verhalten
des Menschen 125
Epilog 131
Literatur zum Thema 136
Sachverzeichnis 137

Verzeichnis der Präparatenamen und „Generic Names"

Adumbran	Oxazepam
Akineton	Biperidin
Anafranil	Clomipramin
Anxiolit	Oxazepam
Artane	Trihexyphenidyl
Buronil	Melperon
Captagon	Fenetylin
Cerebrolysin	Cerebrolysin
Cisordinol	Clopenthixol
Contenton	Amantadin
Cortison	Cortison
Dalmadorm	Flurazepam
Dapotum	Fluphenazin
Deanxit	Flupentixol plus Melitracen
Delpral	Tiaprid
Dihydergot	Dihydroergotamin
Dixeran	Melitracen
Dogmatil	Sulpirid
Dopergin	Lisurid
Effortil comp.	Etilefrin
Encephabol	Pyritinol
Fluanxol	Flupentixol
Frisium	Clobazam
Gamonil	Lofepramin
Haldol	Haloperidol
Hofcomant	Amantadin
Jatrosom	Trifluoperazin plus Tranylcypromin
Jumex	L-Deprenyl (Selegilin)
Kemadrin	Procyclidin
Lasix	Furosemid
Lexotanil	Bromazepam
Limbitrol	Amitriptylin plus Chlordiazepoxid
Lioresal	Baclofen
Ludiomil	Maprotilin
Lyogen	Fluphenazin

Madopar	L-Dopa plus Benserazid
Melleretten	Thioridazin
Melleril	Thioridazin
Merlit	Lorazepam
Mestinon	Pyridostigminbromid
Moduretic	Amilorid plus Hydrochlorothiazid
Mogadon	L-Nitrazepam
Nacom (BRD)	L-Dopa plus Carbidopa
Noctamid	Lormetazepam
Nootropil	Piracetam
Novanaest-purum-Ampullen	Procain
Noveril	Dibenzipin
Nozinan	Levomepromazin
Orap	Pimozid
Parlodel	Bromocriptin
Parnate	Tranylcypromin
Persumbran	Dipyridamol plus Oxazepam
Pertranquil	Meprobamat
Pervitin	L-Amphetamin
PK-Merz	Amantadin
Pravidel	Bromocriptin
Praxiten	Oxazepam
Prostigmin	Neostigminmethylsulfat
Quilonorm	Lithiumkarbonat
Rivotril	Clonazepam
Rohypnol	Flunitrazepam
Saroten	Amitriptylin
Sinemet	L-Dopa plus Carbidopa
Sinequan	Doxepin
Sormodren	Bornaprin
Strophantin	Strophantin
Symmetrel	Amantadin
Tavor (BRD)	Lorazepam
Temesta	Lorazepam
Tiapridex (BRD)	Tiaprid
Tofranil	Imipramin
Tolvon	Mianserin
Truxal	Chlorprothixen
Tryptizol	Amitriptylin
Umprel	Bromocriptin
Valium	Diazepam

Abkürzungen

A	=	Adrenalin
ACh	=	Acetylcholin
AChE	=	Acetylcholinesterase
CAT	=	Cholinazetyltransferase
COMT	=	Catecholamin-O-methyltransferase
DA	=	Dopamin
DD	=	Dopa-Dekarboxylase
DOPAC	=	3,4-Dihydroxyphenylessigsäure
DOPS	=	3,4-Dihydrophenylserin
GABA	=	γ-Aminobuttersäure
GAD	=	Glutamatdekarboxylase
5-HIES	=	5-Hydroxyindolessigsäure
5-HT	=	Serotonin
5-HTP	=	5-Hydroxytryptophan
HVS	=	Homovanillinsäure
MAO	=	Monoaminoxidase
MHPG	=	3-Methoxy-4-hydroxyphenylglykol
NA	=	Noradrenalin
PEA	=	Phenylethylamin
SDAT	=	Senile Demenz vom Alzheimer-Typ
TH	=	Tyrosinhydroxylase
TRY	=	Tryptophan
TYR	=	Tyrosin
VMS	=	Vanillylmandelsäure
ZNS	=	Zentrales Nervensystem

Allgemeiner Teil

Neurotransmitter, der Ausdruck stammt von Elliot (1904), sind Moleküle, die in den Nervenzellen des Gehirns, aber auch in anderen Organen gespeichert sind und durch physiologische bzw. pathologische Reize aus den Lagern freigesetzt werden. Sie passieren den synaptischen Spalt, erreichen einen Rezeptor (Empfänger) und lösen damit einen spezifischen Effekt aus. Entweder entsteht eine motorische Aktion, eine vegetative Funktion, eine affektive oder emotionale Stimulierung oder eine intellektuelle, kreative Leistung in Form einer gedanklichen Produktion oder in Form einer bewußt erlebten Empfindung.

Neurotransmittersysteme

Es gibt im wesentlichen mehrere Gruppen von Neurotransmittersystemen: 1. Katecholaminerge; 2. Serotonerge; 3. Cholinerge; 4. Aminosäure abhängige (z. B. GABA, Glycin, Glutamat, Aspartat); 5. Neuropeptide (Modulatoren); 6. Histaminerge.

Die katecholaminergen umfassen Dopamin (DA), Noradrenalin (NA) und Adrenalin (A), sie sind im wesentlichen Transmitter für das sympathische System, also energieverbrauchend. Serotonin (5-HT) ist wahrscheinlich ein Transmitter für das parasympathische System, Histamin möglicherweise auch.

Acetylcholin (ACh) ist der Transmitter für die Hirnrinde, also für die Willkür-Motorik, für Sinnesempfindung, Sprache und Gedächtnis. In der Peripherie ist ACh z. B. für die Energieübertragung von der motorischen Nervenwurzel auf die

Muskelendplatte verantwortlich. ACh ist ein parasympathischer Neurotransmitter. ACh ist auch im Hirnstammbereich vorhanden, so wie auch die katecholaminergen und serotonergen Transmitter nicht ausschließlich im Hirnstamm, sondern auch in der Rinde vorhanden sind. Quantitativ sind jedoch die biogenen Amine NA, DA und 5-HT im Hirnstamm in höherer Konzentration gelagert, da dort die Zellkörper liegen, von denen die Projektionsareale ausgehen. Es gibt sicher noch andere Neurotransmitter, deren Struktur und Funktion man nicht oder nur teilweise kennt. Da ihre klinische Bedeutung noch nicht klargestellt werden kann, werden sie nur kurz referiert.

Katecholamine

Abb. 1 zeigt die *Synthese der Katecholamine*. Ausgangspunkt ist die essentielle Aminosäure Phenylalanin. Durch das Enzym Phenylalanin-Hydroxylase entsteht Tyrosin. Tyrosin-Hydroxylase synthetisiert daraus Dopa. Dieses Enzym ist entscheidend für die Synthese von DA, NA und A. Dopa wird durch die Dekarboxylase zum Neurotransmitter Dopamin synthetisiert. Dieses Enzym macht somit aus einer Aminosäure (Präkursor) ein biogenes Amin, eben das DA. Es ist der souveräne Neurotransmitter für alle extrapyramidalen unbewußten Bewegungen. Aber auch für jegliche Initiative und emotionalen Antrieb. Durch die Beta-Hydroxylase entsteht der Neurotransmitter NA. Dieser Überträger ist in der Peripherie für die Höhe des Blutdruckes verantwortlich, für die Herzaktivität, vor allem für die Frequenz. NA hemmt aber auch die Verdauungsfunktionen ebenso wie die Speichelsekretion, die Magensaft-, Gallen-, Pankreas- und Schleimsekretion und die Peristaltik, desgleichen die Harnausscheidung. In analoger Weise erweitert es die Bronchien und hemmt die Schleimsekretion. Im zentralen Nervensystem (ZNS) ist der Locus caeruleus die Region, in welcher NA synthetisiert wird. Von dort versorgen noradrenerge Bahnen

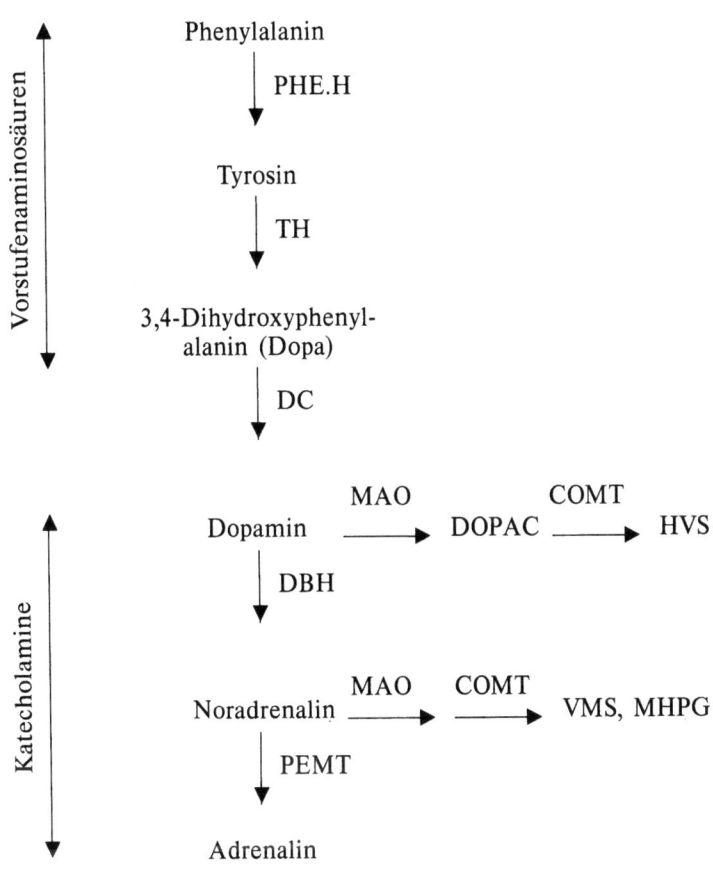

Abb. 1. Vereinfachte Darstellung des Katecholaminstoffwechsels

COMT Catecholamin-O-methyltransferase
DBH Dopamin-β-hydroxylase
DC Decarboxylase
DOPAC 3,4-Dihydroxyphenylessigsäure
HVS Homovanillinsäure
MAO Monoaminoxidase
MHPG 3-Methoxy-4-hydroxyphenylglykol
PEMT Phenylethanolamin-N-methyltransferase
PHE.H Phenylalaninhydroxylase
TH Tyrosinhydroxylase
VMS Vanillylmandelsäure

im Hirnstamm das limbische System, Nucleus amygdalae, Hypothalamus, Thalamus, Kortex und viele andere Regionen. Dadurch wird die sogenannte „Arousal reaction" reguliert, d. h., eine NA-Freisetzung im Mittelhirn löst über eine Steigerung der Bewußtseinshelligkeit eine Aktivitätssteigerung der Hirnrinde aus. Über eine Stimulierung der limbischen Areale kommt es zu einer Anhebung der emotionalen Spannung bis zur Angst, über die Stimulierung hypothalamischer Areale zur Beschleunigung der Herzaktivität und Erhöhung des Blutdruckes. Letztlich entsteht eine Steigerung des peripheren Muskeltonus, der über absteigende retikulospinale Bahnen über eine Stimulierung der Gammazellen des Vorderhorns zustande kommt.

Durch die Anregung dieser sogenannten Gammaschleife (spinale Arousal) bietet der erhöhte Muskeltonus die Voraussetzung für die biologische Notfall-Reaktion (Kampf oder Flucht). Ferner senkt eine Freisetzung von NA im Hypothalamus die Körpertemperatur. Eine Stimulierung der noradrenergen Aktivität im Thalamus führt zu einer Senkung der Schmerzschwelle.

Serotonin (5-HT; Abb. 2)

5-HT ist ein spezifischer Auslöser des Schlafes. Der Überträgerstoff für den Schlaf im Mittelhirn ist 5-HT. Jedenfalls wird durch eine Hemmung der retikulären Formation die Bewußtseinslage gesenkt. Jeder psychotherapeutische Effekt, der zu einer Beruhigung führt, scheint aber über den Neurotransmitter 5-HT zu wirken. Das gilt in gleicher Weise für das autogene Training, für die Hypnose wie für die Suggestionstherapie. Ferner bewirkt 5-HT eine Erhöhung der Schmerzschwelle. Vermutlich ist durch 5-HT die „Arousal"-Funktion gehemmt, wodurch die Schmerzschwelle erhöht ist. Im Darmtrakt regt 5-HT sowohl die sekretorische Aktivität als auch die Peristaltik an. Ein Defizit des Transmitters 5-HT führt zur Obstipation, im Extremfall kann er zum Ileus füh-

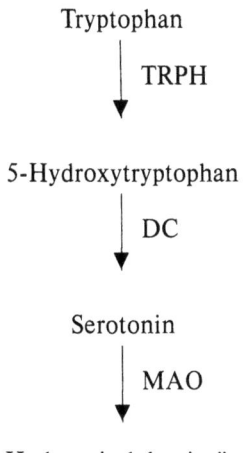

Abb. 2. Vereinfachte Darstellung des Serotoninstoffwechsels

DC   Dekarboxylase
MAO   Monoaminoxidase
TRPH Tryptophanhydroxylase

ren. Die Peristaltik der Harnwege wird unter anderem ebenfalls von 5-HT gesteuert. Auch der physiologische Geburtsakt wird durch eine Aktivität von 5-HT aktiviert, während NA (Angst der Gebärenden) diesen Akt blockiert. In den Bronchien hat 5-HT einen stimulierenden Effekt auf die Schleimproduktion und löst eine spastische Verengung der Bronchien aus. Daher ist 5-HT der unmittelbare Auslöser des Asthmaanfalles. Schließlich führt 5-HT auch zu einer Blutdrucksenkung. Die Schwangerschaft ist eine bevorzugte Phase der 5-HT-Aktivität. Kritische Symptome des größeren Schlafbedürfnisses, der Müdigkeit, der Gewichtszunahme, der Ödeme, einer gewissen Abnahme der Denkaktivität sind auf eine 5-HT-Überaktivität zurückzuführen. Streßproduzierende Milieu-Ereignisse setzen NA frei, was für den biologischen Zeitraum der Schwangerschaft schädlich ist. Schwangere sollen Ruhe haben.

Allgemeiner Teil

Acetylcholin (ACh; Abb. 3)

Acetylcholin ist der Überträgerstoff für den ganzen Organismus. Im ZNS ist es besonders in der Hirnrinde, aber auch im Hirnstamm gelagert. Es ist vor allem ein Überträger für schnelle Reaktionen. Besteht z. B. in der Peripherie ein Defizit an cholinerger Aktivität durch relative Überaktivität der Esterase (AChE), dann entwickelt sich das Krankheitsbild der Myasthenie. Bei dieser Krankheit baut das Enzym AChE an der motorischen Endplatte ACh so rasch ab, daß eine vorzeitige Unfähigkeit der muskulären Kontraktion entsteht. Physostigmin (Prostigmin, Mestinon) hemmt diese Enzymaktivität, wodurch die motorische Aktivität verlängert und verbessert wird. In letzter Zeit hat man sowohl im Tierexperiment als auch bei alten Menschen eine Abnahme des synthetisierenden Enzyms Cholinazetyltransferase (CAT) gefunden. In allen kortikalen Regionen – besonders aber im Schläfenlappen – wurde dieses Defizit festgestellt. Die Reduktion der Gedächtnisfunktion und der Abbau der höheren zerebralen Funktionen (kritische Übersicht, klare Erkenntnis, rich-

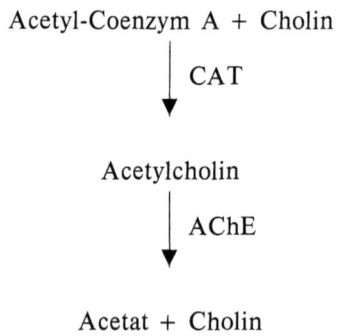

Abb. 3. Vereinfachte Darstellung des Acetylcholinstoffwechsels

AChE Acetylcholinesterase
CAT Cholinacetyltransferase

tige Urteilsfähigkeit) basieren auf diesem Defizit von ACh. Das Klüver-Bucy-Phänomen hat gezeigt, daß nach Entfernung von Teilen des Schläfenlappens ein totaler Gedächtnisverlust eintritt. Das zeigt, daß der Schläfenlappen und hier das ACh bei Ekphorie von Erinnerungsengrammen eine entscheidende Rolle spielt.

Histamin

Histamin ist das erste entdeckte biogene Amin, das in seiner Funktion allerdings noch am wenigsten erforscht ist. Aus Tierversuchen weiß man nur, daß es im Hypothalamus gestreßter Tiere im vermehrten Ausmaß nachweisbar ist. Man weiß aber nicht, ob die Histamin-Vermehrung eine spezifische Reaktion auf Streß oder nur eine Reaktion auf vermehrte NA-Freisetzung ist. In der Peripherie läßt sich z. B. bei allergischen Hautreaktionen nach Insektenstich feststellen, daß bei der Rötung, Schwellung und Schmerzhaftigkeit Histamin eine Rolle spielt. Antihistamin-Medikamente beseitigen diese Symptome. Möglicherweise ist es mit 5-HT vergesellschaftet, denn die Produktion von Magensäure wird durch Histamin vermehrt.

Im Gehirn kennen wir den sogenannten Histamin-Kopfschmerz, bei dem gleichfalls Histamin als spezifischer Auslöser angenommen werden kann. Wahrscheinlich geht auch dieser Mechanismus wie der periphere Histamin-Effekt über eine 5-HT stimulierende Wirkung. 5-HT ist auch ödemauslösend, und ein Hirnödem führt (sicher) zu Kopfschmerzen.

GABA (Abb. 4)

Die Gamma-Aminobuttersäure (GABA) kann gleichfalls als Neurotransmitter angesprochen werden. Wir kennen eine GABA-erge Bahn vom Striatum zur Substantia nigra, die hemmend auf die DA-Freisetzung von der Substantia nigra zum Striatum wirkt. Dieser Rückkopplungsmechanismus

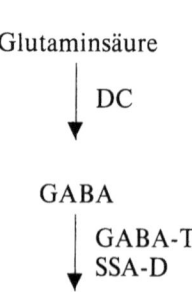

Abb. 4. Vereinfachte Darstellung des GABA-Stoffwechsels

DC Dekarboxylase
GABA γ-Aminobuttersäure
GABA-T γ-Aminobuttersäure Transaminase
SSA-D Bernsteinsäuresemialdehyddehydrogenase

reguliert einen Überschuß von DA im Striatum und bewirkt durch eine GABA-erge Stimulierung der Substantia nigra eine Hemmung der nigro-striären DA-Bahn.

Substanz P

Substanz P kommt sowohl im ZNS als auch in der Peripherie vor. Man schreibt dieser Substanz eine gewisse Stimulierung auf das dopaminerge System zu. Bei der Parkinson-Krankheit ist Substanz P in der Substantia nigra vermindert. Wir wissen jedoch noch nicht genau, welche Bedeutung das hat. Die Schwierigkeit der Untersuchung liegt darin, daß diese Substanzen nicht schrankengängig sind, d. h. von der Blutbahn nicht in das Gehirn-Parenchym eindringen können. Die schrankengängigen Vorstufen (Präkursoren) (L-Dopa für das DA, NA, A, Tryptophan für 5-HT) kennt man bei den Neuropeptiden noch nicht. Es gibt also noch weite Forschungsziele. Überall im Organismus, wo eine biochemische Substanz vermehrt nachgewiesen werden kann, besteht für die Substanz auch eine physiologische Funktion. Insulin im Pankreas, die Sexualhormone in den Geschlechtsdrüsen, DA in den Basalganglien regulieren bestimmte Funktionen.

Regelmechanismen

Die Neurotransmitter sind in verschiedenen Regionen des ZNS in bestimmter Schwankungsbreite nachweisbar. Sie werden im entsprechenden Neuron aus Vorstufen synthetisiert und nach Funktionsende abgebaut. Die intraneuronale Schwankungsbreite hängt von der Aktivität der aufbauenden Enzyme und von der Aktivität abbauender Enzyme ab. Ein Plus oder ein Minus jedes einzelnen Enzyms führt zur Veränderung der Funktion. Eine Hemmung der Monoaminoxidase (MAO) z. B. führt zur Anreicherung von DA im Neuron und damit zu einer für den Überträgerstoff DA spezifischen Funktionssteigerung. In den einzelnen Neuronen besteht ein *Fließgleichgewicht* zwischen Synthese und Abbau des Transmitters. Verschiedene Neurotransmittersysteme regeln sich gegenseitig in einer Homöostase, d. h., zu starke 5-HT-Freisetzung kann zu einer Aktivitätssteigerung des antagonistisch wirkenden NA führen; erst nach Erreichen der ausgeglichenen Balance zwischen diesen beiden Transmittern verschwinden etwaige pathologische Verhaltensweisen.

Diese Entgleisung des Gleichgewichts bezeichnen wir als biochemische Dekompensation, die Wiederherstellung als Rekompensation. Der Weg erfolgt über intra- und interneuronale Regelmechanismen. Diese Rückkopplungsmechanismen können natürlich nur so lange funktionieren, als die Struktur der Materie intakt ist. Bei degenerativen Veränderungen des Neurons ist eine Feedbackregulierung in Abhängigkeit vom Denervierungsgrad schwer oder nicht mehr vollziehbar. Wenn z. B. die dopaminergen Neuronen in der Substantia nigra degeneriert sind, dann kann nur wenig DA aufgebaut und zu den spezifischen Neuronen des Striatums geleitet werden. Die Folge davon ist die akinetische Bewegungsarmut.

Eine biochemische Dekompensation setzt eine kompensierende Feedbackregulierung zur Wiederherstellung der Balance in Gang, d. h., ein DA-Defizit im Neuron kann intraneuronal durch Stimulierung der synthetisierenden Tyrosinhydroxylase verringert werden. Gelingt diese Rekompensation nicht, dann erfolgt zusätzliche Korrektur zur Wiedererlangung der Balance über interneuronale Neurotransmitter-Rückkopplung.

Ein praktisches Beispiel: Im Schlaf unterscheiden wir Tiefschlafphasen und REM-Phasen (Traumphasen). Die Tiefschlaf- und Traumphasen wechseln einander ab. Die Tiefschlafphase wird vorwiegend vom 5-HT ausgelöst; es besteht aber die Gefahr, daß der Schlaf zu tief wird. Die im Tiefschlaf gleichgeschaltete Blutdrucksenkung und Herzschlagverlangsamung, Blutzuckersenkung, Tonusverlust könnte dekompensieren. Das ist der Schlüsselreiz für den Start des Feedbackmechanismus (wahrscheinlich) einer NA-Ausschüttung. Jetzt werden Träume produziert, Blutdruck, Herzschlag, Atmung und Muskeltonus steigen. Diese Rekompensationsphase (auch paradoxer Schlaf genannt) wird durch NA-Freisetzung ausgelöst. Er stellt die Homöostase wieder her und verhindert ein Abgleiten in einen pathologischen Schlaf. Im Alter treten solche REM-Phasen (rapid eye movements, Traumphasen) häufiger auf. Sie führen zur Unterbrechung des Tiefschlafes und verhindern dadurch eine zerebrale Mangelnutrition.

Man darf sich allerdings die Balance der Neurotransmitter-Aktivitäten nicht so einfach vorstellen, wie dies Eppinger und Heß (1910), die das Gleichgewicht zwischen Sympathikus und Vagus wie einen Waagebalken angenommen haben, getan haben. Das Modell, das unserer Vorstellung eher entspricht, ist eine galaktische Balance. In einer Galaxie bewegen sich verschiedene Planeten (Merkur, Venus, Erde, Mars,

Jupiter, Saturn usw.) in individuell verschiedenen Bahnen. Sie stehen in einem gegenseitigen Spannungsverhältnis, in dem Anziehung und Abstoßung in einem definierten Maß schwanken. Die kybernetischen Regeln der Aufrechterhaltung der Balance in einer Galaxie sind analog den Regeln der Aufrechterhaltung in Neuronensystemen. Gelingt intraneuronal kein Ausgleich, dann springen übergeordnete interneuronale Rekompensationsmechanismen ein. Jetzt wird durch Freisetzung anderer Neurotransmitter die Homöostase des Neurotransmitter-Regelkreises wiederhergestellt. Das Wesentliche unseres biochemischen Modells ist die permanente Induktion der verschiedenen Neurotransmitter, die über Rückkopplungsmechanismen die Balance aufrechterhalten bzw. wiederherstellen. Das biochemische Geschehen im Neuron ist ein Mikromodell für übergeordnetes makrokosmisches Verhalten. Welche Möglichkeiten bestehen, diese Balance der Neurotransmitter zu stören und durch diesen Balanceverlust pathologische Verhaltensweisen zu produzieren?

Neuron

Die Synthesefähigkeit im Neuron kann durch eine Steigerung der Tyrosinhydroxylaseaktivität (TH) zu einer vermehrten Speicherung des Transmitters DA führen. Durch eine unzureichende Aktivität der TH kommt es zu einer unzureichenden Lagerung von DA im Neuron, was klinisch bei der Parkinson-Krankheit zur Akinesie, bei der Depression zur Reduktion des Antriebs und beim alten Menschen zu einer verminderten motorischen und auch emotionalen Aktivität führt.

Das abbauende Enzym in Neuronen biogener Amine ist die Monoaminoxidase (MAO). MAO-A baut NA und 5-HT ab, MAO-B DA und Phenylethylamin (PEA). Im Alter ist die Aktivität von MAO-B gesteigert, was zu einer reduzierten Lagerung der entsprechenden Neurotransmitter im Neuron führt. Die klinischen Folgen davon sind die Minussymptome des Alters schlechthin: geringer Schlaf, geringe emotionale Aktivität, reduzierte Motorik. Die Autoregulation zur Erhaltung des biochemischen Gleichgewichts über Feedbackmechanismen funktioniert nur so lange, als strukturelle Elemente zur Verfügung stehen. Z. B. gelingt es bei einem gesunden Menschen nicht, durch Medikation des Präkursors L-Dopa, das im Neuron zu DA und NA aufgebaut wird, Hyperkinesien oder psychotisches Verhalten hervorzurufen. Beim Parkinson-Patienten hingegen kann es durch zu hohe L-Dopa-Dosen zu psychotischen Entgleisungen (Verwirrtheit, Halluzinationen, Wahnideen) kommen.

Wie kommt dies zustande?

Durch die fortschreitende Degeneration der dopaminergen Zellkörper besteht für das über Dopa zugeführte Dopamin eine progredient abnehmende Lagerungsmöglichkeit. DA kann bei Überangebot 5-HT und auch NA aus ihren spezifischen Neuronen freisetzen. Dieser Vorgang ist möglicherweise als pathogene Komponente der sogenannten pharmakotoxischen Psychosen von Bedeutung. Verabreicht man als Gegenspieler des Dopa Tryptophan (Präkursor des 5-HT), dann drängt dieses L-Dopa an der Blut-Hirn-Schranke zurück. Zusätzlich wird das in falschen Neuronen gelagerte DA durch Kompetition mit 5-HT verdrängt, und die Psychose verschwindet, die Akinesie kehrt allerdings zurück.

An diesem Beispiel sieht man, daß der Balanceverlust der Transmitter symptomauslösend sein kann und die Wiederherstellung der Balance die Symptome zum Verschwinden bringt.

Die Schwierigkeiten in unserer Mikro-Galaxie liegen darin, daß wir von den vielen Möglichkeiten einer Balance-Entgleisung nur eine geringe Anzahl von beteiligten Neurotransmittern biochemisch identifizieren können. Sicher gibt es eine große Reihe von Substanzen, die das biochemische Gleichgewicht verändern können, z. B. wissen wir wenig über die große Gruppe der Neuropeptide. Einige spezifische sind beim Parkinson-Kranken in bestimmten Regionen des Hirnstammes vermindert, ohne daß wir derzeit über den funktionellen Zusammenhang etwas Entscheidendes aussagen können. Wahrscheinlich modulieren Neuropeptide die biogenen Transmitter.

Eine wesentliche Bedeutung für die Aufrechterhaltung der Balance haben auch die Rezeptoren. Für den Kliniker genügt es zu wissen, daß postsynaptische Rezeptoren vorhanden sind, welche die aus dem Neuron freigesetzten Neurotransmitter für kurze Zeit binden. Die dadurch ausgelöste Stimulierung der postsynaptischen DA-Rezeptoren wurde zuerst mit Apomorphin erreicht. Wegen der vielfachen Nebenwirkungen (vor allem Erbrechen und Nierenschädigungen) kam es zu keiner therapeutischen Verwendung. Neuere Präparate sind seit über zehn Jahren in Erprobung. Außer Umprel (Parlodel) sowie Dopergin hat aber noch kein Medikament eine breite Verwendung finden können. Man nimmt an, daß bei unzureichender Freisetzung des Transmitters eine Steigerung der Sensibilität des postsynaptischen Rezeptors (Supersensitivität) erfolgt. Dieser Mechanismus ist sinnvoll, weil die erforderliche Funktion mit nun weniger Transmitter das Auslangen findet. Jede Stimulierung führt aber über Feedbackreaktionen zu einer Hemmung der TH-Aktivität. Das Resultat ist eine Hemmung der DA-Synthese. Blockiert man jedoch den Rezeptor mit Neuroleptika (Haldol), dann kommt es zu einer Steigerung der TH-Aktivität und dadurch zu einer Überproduktion des Neurotransmitters DA. Die bekannten Symptome einer Überaktivität sind: Hyperkinesien, torsionsartige Verkrampfungen, aber auch mechanisch-aggressives Verhalten.

Neben den postsynaptischen Rezeptoren gibt es auch präsynaptische, die von der präsynaptischen Membran aus nach Stimulierung die Aktivität der TH drosseln. Durch deren Stimulierung wird die Syntheserate des DA und NA reduziert. Eine getrennte Stimulierung postsynaptischer und präsynaptischer Rezeptoren ist derzeit noch Therapieziel. Die Nebenwirkungen der Stimulierung postsynaptischer Rezeptoren sind etwa so stark wie in der ersten Ära der L-Dopa-Medikation (1960 bis 1965). Am schwerwiegendsten ist die orthostatische Hypotension. Der systolische Blutdruck kann auf Werte um 50 mm Hg absinken. Trotzdem besteht bei der Wiederherstellung der biochemischen Balance im dopaminergen System kein Zweifel über die Wirksamkeit der Rezeptorstimulatoren.

Trotz der relativ geringen Zahl an Koordinaten, die dem Kliniker zur Verfügung stehen, ist es heute in vielen Fällen einer biochemischen Dekompensation möglich, eine gezielte Korrektur vorzunehmen.

Das Faszinierende an unserem biochemischen Balancemodell ist, daß es den Gegensatz zwischen psychischer und somatischer Symptomgenese aufhebt. Eine zu starke NA-Aktivität kann sowohl somatisch zur Tachykardie, zu Blutdruckanstieg, trockenem Mund, Ruhigstellung des Darmtraktes usw. führen als auch psychisch zu Erregung, Agitiertheit, Angst und Schlaflosigkeit; d. h., der chemische Neurotransmitter ist in der Lage, sowohl somatische als auch psychische Funktionen zu aktivieren. *Der chemische Transmitter ist das Bindeglied zwischen dem uralten Gegensatz von Soma und Psyche.* Besonders für die Therapie der sogenannten psychosomatischen Krankheiten ist diese Erkenntnis wichtig. Nehmen wir als einen Modellfall eine Patientin mit Waschzwang. Dieser Zwang war der Auslöser einer permanenten Angst und einer Schlaflosigkeit. Die Patientin begab sich zur Psychoanalyse, kam nach dreijähriger Behandlung zu mir (W. B.) und berichtete verzweifelt: „Ich weiß jetzt, daß mein kindliches Spielen mit der Klitoris, die Bestrafung durch die Mutter zu dem Schuldgefühl und der Angst und Schlaflosigkeit geführt haben. Aber diese Erkenntnis hilft mir gar nichts." Das möchten wir so interpretieren: Ein schweres psychisches Trauma, das ein Mensch in seiner frühen kindlichen Entwicklung erlebt, hat im Gehirn ein kybernetisches Engramm produziert, das in der weiteren Entwicklung wie ein Störsender das Reifungsprogramm durch diesen Balanceverlust der Neurotransmitter hemmt und in der Folge zu einer psychischen Dekompensation geführt hat. Das Bedeutende am genialen Lebenswerk von Sigmund Freud war, daß er ohne Kenntnis der Neurotransmitterlehre gezeigt hat, daß somatische wie psychische Symptome durch Frustrationstraumen ausgelöst werden, daß sie nicht der kortikalen Logoskontrolle unterstehen und daher auf dem intellektuellen Weg keine Befreiung möglich ist. Er hatte den Hirnstamm als Region der Fehlsteuerung erkannt. Über die klassische psychoanalytische Methode würde er heute wahrscheinlich lächeln.

Unsere Stellung zur Psychosomatik soll schon am Anfang programmatisch festgehalten werden. Daß psychische Stressoren des Familienmilieus oder des Arbeitsmilieus nicht verkraftet werden können und zu einer Colitis ulcerosa, Asthma bronchiale, Blutdruckanstieg usw. führen können, steht außer Zweifel. Ein dauernder Streß führt zunächst zu einem Alarmsymptom wie Schlaflosigkeit, Magenbeschwerden, Kopfschmerzen. Der Streß ist ja nichts anderes als der Versuch, eine durch bestimmte Milieuverhältnisse entstandene biochemische Dekompensation zu rekompensieren. Dies zunächst im stillen Ausgleich. Erst wenn alle autochthonen Möglichkeiten erschöpft sind, tritt ein der Transmitterstörung adäquates Symptom auf. Das schlechte Gewissen eines Ehepartners nach einem Seitensprung bewirkt erst dann eine Appetitlosigkeit, eine Schlaflosigkeit, eine Depression, wenn die biochemische Kapazität nicht ausreicht, das Schuldgefühl durch eine entsprechende biologische Kompensation auszugleichen. Das ändert nichts an der Notwendigkeit einer Psychotherapie im allgemeinen und im speziellen. Wenn ein Kranker z. B. nach einer gezielten Akupunktur, nach einem klärenden Gespräch, nach einer Belehrung, nach einer Tryptophanzufuhr (Vorstufe des 5-HT) wieder schläft, ist die Schiene des Erfolges immer der chemisch ausgleichende Weg. Als Folge der beruhigenden Wirkung einer Aussprache, eines autogenen Trainings, einer Motivanalyse können z. B. serotonerge Effekte entstehen, die zum Verschwinden der Symptome beitragen.

Bei tiefgreifenden Strukturschäden kann der psychotherapeutische Weg allerdings nicht heilen, d. h., die psychotherapeutische Methode ist ein unterstützendes Additiv; ein schwer depressiver Kranker braucht aber ein Antidepressivum zur psychischen Führung. Die Psychotherapie allein schafft es nicht, die biochemische Rekompensation schafft es manchmal auch nicht, sie ist aber in unserer modernen Gesellschaftsordnung wesentlich erfolgreicher, weil sie rasch zum Ziel führt. Der gehetzte Manager von pyknischer Konstitution mit erhöhtem Blutdruck und koronarer Insuffizienz, Schwindel, vorzeitiger Ermüdung, Schlafstörung, wird kaum durch eine Psychotherapie rekompensiert werden, sondern durch eine gezielte chemische Drosselung seiner gesteigerten NA-Aktivität.

Ein Beispiel der permanenten Induktion der biochemischen Balance stellt der Lichteinfluß des Milieus dar. Die Intensität der Lichtquelle stimuliert über dopaminerge Neuronen der Retina, dopaminerge und noradrenerge Neuronen des Mittelhirns. Dadurch entsteht eine arousal reaction, d. h., der Schläfer wird wach, das Gehirn wird kortikal, emotional und motorisch angeregt. Die im Winter reduzierte Lichtquantität wird im Frühling gesteigert und induziert Aktivitätsimpulse der DA- und NA-Aktivitäten. Sowohl Motorik als auch geistige Aktivität als auch die sexuelle Stimulierung werden durch Lichtzunahme aktiviert. Reduktion des Lichtes im Herbst führt vice versa zu einer größeren Schlafbereitschaft, zu einer reduzierten Motorik, zu einer Reduktion der emotionalen Aktivität, was im pathologischen Bereich zur Auslösung einer Depression führen kann.

Die Anpassungsleistung an die Wetterveränderungen wird gleichfalls von Neurotransmittern gesteuert. Alle Patienten mit traumatischen (Verkehrsunfällen), entzündlichen (Enzephalitis), vaskulären (zerebraler Mangeldurchblutung) Läsionen im Hirnstamm leiden an einer verminderten Anpassungskapazität an klimatische Verschiebungen. Die berühmte Föhnkrankheit, die individuell verschieden zu Entgleisungen des Verhaltens führt, repräsentiert sich entweder als Überaktivität katecholaminerger Transmitter (gesteigerte Aggression, mit Autounfällen oder Raufhändeln) oder als Überaktivität inhibierender Transmitter (z. B. 5-HT) mit vermehrtem Schlafbedürfnis, Inaktivität, Lethargie, Apathie. Die Sensibilität der Neuronen dürfte individuell unterschiedlich sein.

Im Alter bestehen − verglichen zum Jugendlichen − normalerweise niedrigere Konzentrationen von Neurotransmittern. Sowohl DA als auch NA und 5-HT sind im Alter in geringerer Quantität verfügbar. Das mag der Grund für die erschwerten Anpassungsleistungen im Alter sein.

Biologische Dekompensationen durch einzelne Neurotransmitter

Noradrenalin (Überträgerstoff des gesamten sympathischen Systems) im ZNS verantwortlich für die Arousal-Kapazität, d. h. für die Vigilanz.

Hyperaktivität: in der Peripherie Tachykardie, hoher Blutdruck, muskuläre Verkrampfung, besonders der Halsmuskulatur, Schlaflosigkeit, Gewichtsabnahme (Pubertätsmagersucht), affektive Überempfindlichkeit, agitierte Hektik, Ruhelosigkeit und Angst. Die Reizschwelle für sämtliche Schmerzen ist erniedrigt.

Hypoaktivität: niederer Blutdruck, langsamer Puls, schlaffe Körperhaltung, keine Initiative, langsame Entscheidungs- und Entschlußfähigkeit, vorzeitige Ermüdbarkeit, apathische Stimmungslage wie bei schwerer Erschöpfung nach einem Infekt.

Allgemeiner Teil

Serotonin (ein möglicher Überträger des parasympathischen Systems) im ZNS schlafauslösend, emotional beruhigend, blutdrucksenkend, Bradykardie.
Hyperaktivität: Appetitsteigerung, Gewichtszunahme, Schlafsucht, Bewußtseinslage eher gedämpft, apathische Grundstimmung, Diarrhöe oder Obstipation. Verlangsamter Denkablauf, Antriebsreduktion, herabgesetzter Muskeltonus, Verlangsamung des Blutkreislaufes, Ödem- und Thromboseneigung, erhöhte Reizschwelle für Schmerzen.
Hypoaktivität: schlechter Schlaf, Körperhaltung inaktiv, introvertiert, kein Aktivitätsbedürfnis.

Dopamin Neurotransmitter für die gesamte extrapyramidale Motorik (für alle Instinktbewegungen), für den Muskeltonus (statisch und dynamisch), Hemmung jeder trophischen Funktion.
Hyperaktivität: choreatische Bewegungsunruhe, zwanghafte Bewegungsabläufe (Zappelphilipp), emotionale Überaktivität, tonische Krämpfe, besonders nachts, Überaktivität im limbischen System, Trend zur Magersucht.
Hypoaktivität: motorische Hypokinese bzw. Akinese, gebeugte Körperhaltung, vorzeitige motorische Ermüdbarkeit.

Diese Skizzierung ist wie eine Landkarte der Erde aus dem Mittelalter. Es sind noch sehr viele weiße Flecken vorhanden, aber die biochemisch und klinisch sichergestellten Funktionen bzw. Fehlsteuerungen sowie die biochemisch festgestellten Daten der synthetisierenden und abbauenden Enzyme und das daraus resultierende Niveau der Neurotransmitter im Neuron liefern genügend Angriffspunkte zu einer spezifischen Substitutionstherapie. Diese kann erfolgen mit den Präkursoren der Neurotransmitter, die die Blut-Hirn-Schranke passieren, oder auch durch Blockade der spezifisch abbauenden Enzyme und schließlich durch eine spezifische Stimulierung der diversen Rezeptoren.

Bei der therapeutischen Strategie müssen immer diese drei Wege zur Wiederherstellung der Balance in Betracht gezogen werden und gleichsam in einer mehrpoligen Therapie die Wiederherstellung des Gleichgewichts angestrebt werden.

Als einfachen Vergleich möchten wir das sogenannte „Mobile" anführen. Es ist dies ein Gebilde aus Drähten, die durch dünne Fäden verbunden sind, und auf jedem Drahtende hängt ein Gegenstand (z. B. bei den Weihnachtsmobiles sind dies Engerln, Sterne, glitzernde Kugeln usw.). Diese Gegenstände befinden sich in einer Balance. Fällt ein Gegenstand herunter, ist das ganze System aus dem Gleichgewicht, und es kommt entweder zu einer Drehbewegung, oder das ganze Gebilde hängt schief.

Für jede Gehirnregion könnte man so ein „Mobile" aus Neurotransmittern konstruieren, die im Normalfall im Gleichgewicht sein müssen. Dieses Gleichgewicht wird aber durch Einflüsse anderer Gehirnregionen und deren „Mobiles" mitgesteuert. Letzterer Mechanismus ist von besonderer Bedeutung, weil er eine Störung der „Mobiles" in einer bestimmten Gehirnregion eventuell kompensieren kann, wobei die Kompensationskapazität eines einzelnen Systems durch Aufteilung auf mehrere Systeme nicht überbeansprucht wird.

Angriffspunkte und Zielwirkung der Psychopharmaka

Die Gruppe von Medikamenten, die man als Psychopharmaka bezeichnet, sollten eigentlich „Neuropharmaka" heißen, da sie ja über das Nervensystem auf die Psyche wirken.

Abb. 1 bis 4 zeigen den Aufbau und Abbau der wichtigsten Neurotransmitter. Substanzen, die chemisch als biogene Amine bezeichnet werden, werden im Neuron (Ganglienzelle) aus den Präkursoren aufgebaut und entweder intraneuronal oder extraneuronal durch MAO oder vorwiegend extraneuronal durch die Catechol-O-methyltransferase (COMT) abgebaut (Ausnahme: Serotonin) und ausgeschieden. Die Präkursoren sind Aminosäuren wie Tyrosin (TYR), Tryptophan (TRY), welche die Blut-Hirn-Schranke leicht passieren. In der katecholaminergen Ganglienzelle (Abb. 5) wird TYR

Abb. 5. Schematische Darstellung der chemischen Transmission einer noradrenergen Synapse. Noradrenalin wird über drei Stufen aus Tyrosin mittels Enzymen synthetisiert. Der Transmitter wird in Vesikeln gespeichert. Durch Nervenimpuls wird der Einstrom von Calcium-Ionen ausgelöst, wodurch die Freisetzung von Noradrenalin aus den Speicherorganellen in den synaptischen Spalt induziert wird. Der freigesetzte Transmitter bindet an ein spezifisches Rezeptorprotein, welches in der postsynaptischen Membran eingebettet ist und induziert dadurch auf Empfängerneuronen eine Reihe von Reaktionen, z. B. Kurzzeiteffekte über elektrische Impulse und Langzeiteffekte. Die Wirkung von Noradrenalin wird durch eine Reihe von Mechanismen beendet, welche rasche Aufnahme des Transmitters in das Nervenende und Abbau durch Enzyme einschließen. Die Freisetzung von Noradrenalin in den synaptischen Spalt aktiviert auch präsynaptische Rezeptoren am Axonende, wodurch die Produktion von cAMP initiiert wird. cAMP aktiviert Proteinkinase und reguliert damit die Produktion von Noradrenalin. [Aus: Iversen LL (1979) The chemistry of the brain. In: The brain. Freeman, San Francisco, pp 70–81]

Angriffspunkte und Zielwirkung der Psychopharmaka

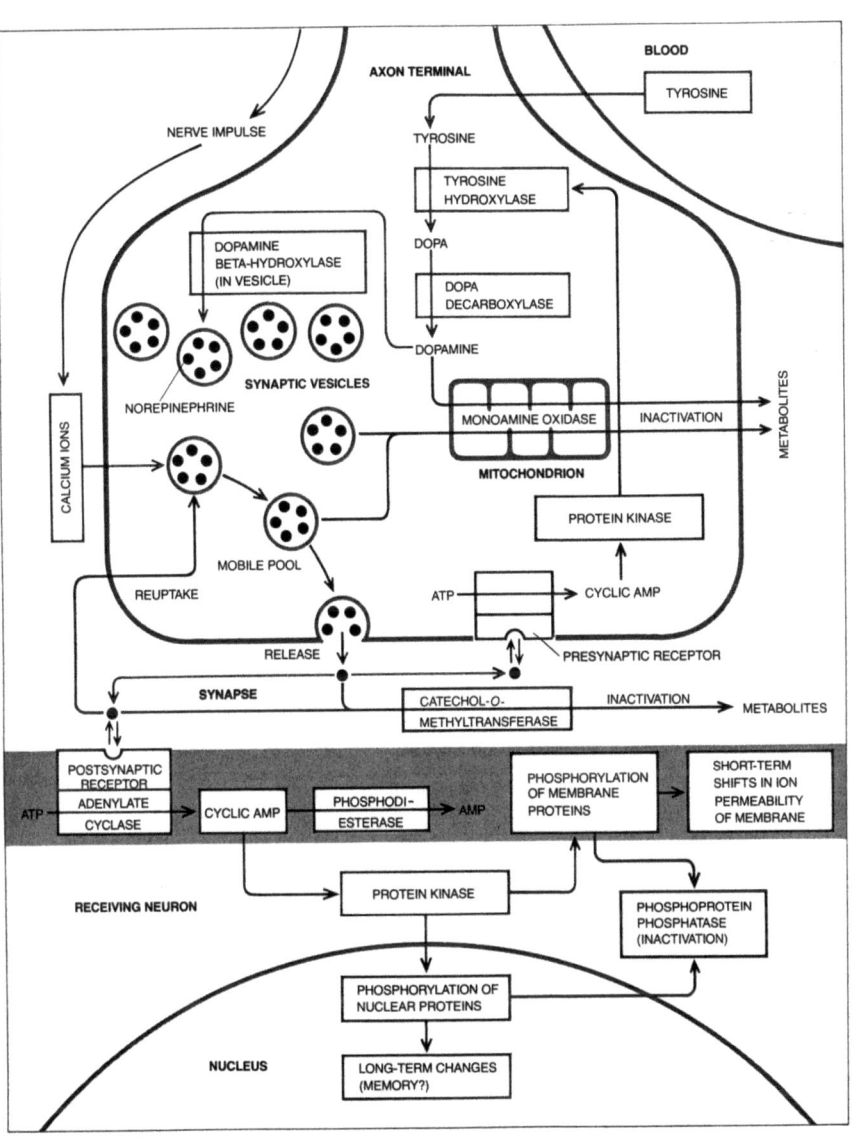

zunächst durch die Tyrosinhydroxylase (TH) zu Dopa und durch die Dopa-Dekarboxylase (DD) zu Dopamin (DA) synthetisiert. Die Dopamin-Beta-Hydroxylase synthetisiert darüber hinaus in spezifischen Ganglienzellen Noradrenalin (NA). TRY wird in der serotonergen Ganglienzelle durch die Tryptophanhydroxylase zu 5-Hydroxytryptophan (5-HTP) umgewandelt und durch die Dekarboxylase Serotonin (5-HT) synthetisiert. Diese biogenen Amine DA, NA und 5-HT sind im Hirnstamm besonders in den Basalganglien gelagert. DA wird in den dopaminergen Neuronen gelagert, durch physiologische oder pharmakologische Reize freigesetzt, passiert den synaptischen Spalt und erreicht DA-Rezeptoren, wo es eine physiologische Funktion auslöst (Muskelaktion, Tonussteigerung). NA ist gleichfalls ein Neurotransmitter, der im Hirnstamm vor allem für die Arousal-Reaktion, also für die Wachsamkeit und allgemeine Bewußtseinshelligkeit, verantwortlich ist. 5-HT ist ein Überträger, der im Hirnstamm den Schlaf auslöst, beruhigt und im peripheren Bereich die gesamte Verdauungsfunktion steuert, vom Speichelfluß bis zur Freisetzung der Verdauungsfermente und zur Peristaltik.

Diese klassischen und anderen Neurotransmitter regulieren alle vegetativen Vorgänge, alle affektiv emotionalen Reaktionen und die gesamte extrapyramidale Motorik. Sie sind damit die entscheidenden Faktoren für unser Befinden und Verhalten. Synthese und Abbau dieser Neurotransmitter werden durch Feedbackmechanismen (Rückkopplungen) reguliert. Eine zu große Menge DA im Neuron bremst über Autorezeptoren die TH-Aktivität. Ein zu niedriges Niveau an DA löst eine Steigerung der TH-Aktivität aus, die zu einem Anstieg des DA-Gehaltes im Neuron führt. Aber auch Korrelationen einzelner Neurotransmitter untereinander werden durch Feedbackmechanismen reguliert. Das Verhältnis zwischen NA und 5-HT, das Verhältnis zwischen DA und 5-HT und das Verhältnis zwischen DA und NA stehen dann in einem funktionellen Gleichgewicht. Ein mehr oder minder hohes Niveau des einen Neurotransmitters wird über Rückkopplungsvorgänge des anderen neutralisiert und auf physiologisches Niveau gebracht. Das multidimensionale Fließgleichgewicht dieser Neurotransmitter steuert unsere Leistungs- und Erholungsfähigkeit. Umweltreize können diese Balance vorübergehend oder dauernd stören, wodurch klinische Symptombilder entstehen. Aufregende Tagesereignisse lösen eine vermehrte NA-Freisetzung aus, wodurch die Balance gestört wird. Zu viel NA und zu wenig 5-HT lösen z. B. Schlaflosigkeit, Appetitlosigkeit, trockenen Mund aus. Zu reichliches Essen mit Alkohol führt zu einer vermehrten 5-HT-Freisetzung mit den Symptomen roter Kopf, Schweißausbruch, Müdigkeit, Schläfrigkeit, Mangel an Antrieb und Mangel an Entscheidungsfähigkeit. Ein Zuviel an DA-Freisetzung führt zu einer Bewegungsunruhe (Beispiel: Zappelphilipp), ein Zuwenig führt zu Bewegungsarmut und Verlust der aufrechten Körperhaltung.

In dieses Spiel der Neurotransmittertätigkeit greifen die verschiedenen Psychopharmaka ein. Es ist für den praktischen Arzt wichtig, die Angriffspunkte und die Zielwirkung zu kennen, da eine gezielte Anwendung für den Patienten erfolgreicher und daher für den Arzt befriedigender ist.

Wesentliche Gruppen

1. Tranquilizer
2. Energizer
3. Antidepressiva
4. Neuroleptika
5. MAO-Hemmer

Tranquilizer

Die Tranquilizer sind am weitesten verbreitet, da sie kurzfristig Linderung schaffen. Die bekanntesten sind: Valium, Temesta (Tavor, BRD), Lexotanil, Adumbran, Praxiten, Anxiolit u. a.

Sie beeinflussen bestimmte Rezeptoren und verhindern dadurch, daß Neurotransmitter zur Wirkung kommen. Benzodiazepinrezeptoren sind mit GABA-erger Neurotransmission gekoppelt und haben dadurch modulierende Wirkung auch auf „klassische" Neurotransmittersysteme. Ein Beispiel: Angst setzt NA frei. Durch Hemmung übersteigerter NA-Aktivität kommt es zu keinem bewußten Erlebnis der Angst. Patienten und Arzt wünschen sich, daß das Symptom, das unser Befinden stört (z. B. Angst, Schlaflosigkeit oder andere), verschwindet. Da Tranquilizer direkt und indirekt viele Neurotransmittersysteme modulieren, bewirken sie nicht nur eine Befreiung vom Zielsymptom „Angst", sondern auch Blutdrucksenkung, schlaffe Haltung, Senkung der Bewußtseinshelligkeit und eine Reduktion der Aufmerksamkeit und Konzentration. Solche Nebenwirkungen können unter Umständen die Zielwirkung so überdecken, daß der Behandlungseffekt hinfällig wird. Der auf der ganzen Welt enorm gesteigerte Umsatz zeigt an, daß unsere moderne Lebensweise mit dem permanenten Leistungsdruck einen gesteigerten NA-Umsatz erfordert. Der Trend unserer Zeit liegt nun nicht darin, durch Leistungsdrosselung diese chemische Balancestörung auszugleichen und auf die jeder Person eigene physiologische Belastungsnorm einzupendeln, sondern mit einer Droge das Wohlbefinden (eventuell auf einer für die Person unphysiologischen Neurotransmitterebene; daher auch die Tendenz, Tranquilizer langfristig einzunehmen) wiederherzustellen. Da unser Verhalten nicht vom Verstand gesteuert wird, sondern von den unbewußten Instinkten des Hirnstammes, ist bei *akuten* Entgleisungen (Schlafstörung, Angst) ein Tranquilizer indiziert, weil er sofort einen Ausgleich bewirkt.

Anstaltspsychiater sprechen immer von einer Süchtigkeit, die z. B. durch Tavor ausgelöst wird. In dieser dezidierten Aussage stimmt das nicht. Es gibt psychopathische Konstitutionstypen, die keinen stillen Ausgleich ihrer Neurotransmitter steuern können und daher gegen jede Dekompensation einen Tranquilizer konsumieren (vom Alkohol bis zu Tavor). Für die Diagnose einer Sucht sind zwei Kriterien notwendig: 1. dauernde Dosissteigerung und 2. Abstinenzerscheinungen nach Absetzen der Droge. Beides trifft für die Tranquilizer nicht zu. Allerdings kommt es zu einem Gewöhnungseffekt, d. h., daß z. B. ältere Menschen, die regelmäßig Tavor 1,0 einnehmen, an dieses Medikament so gewöhnt sind, daß sie es zum Einschlafen benötigen. Das gleiche gilt für ein Glas Rotwein, das der alte Mann als Schlaftrunk benötigt. Um diesem Gewöhnungseffekt zu entgehen, ist es wesentlich, daß ein Tranquilizer nur zu einer Sedierung einer akuten Entgleisung verordnet wird, z. B. Schlaflosigkeit vor einer Prüfung, besondere Erregung nach einem Todesfall oder Angst vor dem Fliegen. Auch die Angstzustände einer endogenen Depression können am Beginn der Behandlung mit Tranquilizer unterdrückt werden. Der Vorteil dieser Medikamente ist der rasche Wirkungseintritt, man muß sich aber bewußt sein, daß sie keinen Heileffekt haben und daher gleichzeitig entsprechende Antidepressiva genommen werden müssen, die allerdings eine längere Anlaufzeit bis zur Wirkungsentfaltung haben.

Energizer

Es sind dies Drogen, die aus den Ganglienzellen Neurotransmitter freisetzen und dadurch eine Leistungssteigerung bewirken. Am bekanntesten und wirksamsten sind Weckamine (Pervitin, Captagon). Diese Stoffe entleeren die Neurotransmitter aus den Neuronen und blockieren gleichzeitig die Rückresorption. Dadurch kommt es momentan zu einer beträchtlichen Leistungssteigerung, da viel mehr Neurotransmitter in Aktion gesetzt werden. Gleichzeitig werden aber die Lager entleert, so daß auf die Leistungssteigerung eine Phase der Erschöpfung mit Depression folgt. Das tödliche Ende der Radfahrer, die sich mit einem Weckamin dopen, ist bekannt und zeigt uns an, daß besonders für längerfristige Leistungen die Einnahme eines Energizers kontraindiziert ist. Wenn jedoch ein Schauspieler, ein Politiker kurzfristig zur besseren Präsentation seines Charismas gelegentlich eine Pille nimmt, ist das keineswegs anzuprangern. Es darf aber erstens nicht zur Gewöhnung führen, und zweitens soll man nicht glauben, daß durch einen Energizer eine Erschöpfung überwunden werden kann. Ein Energizer kann nur Energie freisetzen, die bereits vorhanden ist. Es ist so wie bei der Coffeinwirkung; Kaffee — einer der ältesten Energizer — bewirkt nur beim ausgeruhten Organismus eine Leistungssteigerung, beim Erschöpften führt er meist zu einer Dysphorie, d. h. zu einer Mißstimmung ohne Leistungsverbesserung. Praktisch spielt die Verordnung von Energizern keine wesentliche Rolle, weil sie nur kurzfristig wirken und die darauffolgende depressive Phase das Lustgefühl der Hochleistung keineswegs aufwiegt. Auch bei den Jugendlichen sind „Speeder" (Drogen, die eine rasche Reaktion hervorrufen) keineswegs in breiter Verwendung.

Antidepressiva

Das erste wirksame Antidepressivum wurde vom Schweizer Psychiater R. Kuhn entdeckt. Es war das Tofranil. Der stimmungsaufhellende Effekt läßt allerdings mehrere Wochen auf sich warten. Die Wirkung der Antidepressiva beruht vorwiegend darauf, daß sie die Wiederaufnahme der Neurotransmitter in die neuronalen Lager (Reuptake) blockieren und dadurch zu einer Anreicherung der Neurotransmitter im synaptischen Spalt führen und damit eine Funktionsverbesserung des Gemütes und des Antriebes herbeiführen. Es gibt Antidepressiva, die mehr antriebssteigernd wirken, und andere, die angstlösend wirken. Klinisch konnten wir auch feststellen, daß alle Antidepressiva einen balancierenden Effekt haben. Ein gutes Antidepressivum steigert den Antrieb durch Dopaminpotenzierung. Es verbessert die Entschluß- und Entscheidungsfähigkeit durch NA-Potenzierung, und es führt gleichzeitig zu einem besseren Schlaf durch 5-HT-Potenzierung.

Die Nebenwirkungen der Antidepressiva sind relativ gering. Es gibt auch keine Gewöhnung. Nach Abklingen der

Beschwerden hören die Patienten meist von selbst mit der Einnahme auf, manchmal sogar zu früh. Die gelegentliche Mundtrockenheit wird meist toleriert. Schwerwiegender ist, besonders bei den Damen, die Gewichtszunahme, die gerade in der Phase der Remission ein Unbehagen auslöst. Die Gewichtszunahme tritt besonders nach Einnahme von Antidepressiva auf, die eine bevorzugte 5-HT-Anreicherung bewirken. Das führt neben der Appetitzunahme zu einer trophotropen Stimulierung.

Neuroleptika

Das wirksamste und bekannteste Neuroleptikum ist das Haldol. Diese Stoffe blockieren primär den Rezeptor. Das Resultat ist eine absolute Ruhigstellung, ein Effekt, der bei einer gespannten, aggressiven Schizophrenie durchaus erwünscht ist, auch bei einem tobenden Alkoholiker führt es eine rasche Dämpfung herbei. Die Indikation für den praktischen Arzt ist somit relativ klein. Es kann auch zu depressiven Entgleisungen und zum Auftreten von extrapyramidalen Minussymptomen in Form einer parkinsonähnlichen Akinesie oder zu Plussymptomen in Form von torsions-dystonen Verkrampfungen führen. Die DA-Rezeptorblockade kann parkinsonähnliche Symptome auslösen, die manchmal schon nach wenigen Tagen der Einnahme als erschwerte, verlangsamte Bewegungsfähigkeit aufscheinen. Die Blockade der DA-Rezeptoren führt über Feedbackregulation zu einer Stimulierung der TH mit gesteigerter DA-Synthese und zu einer Störung der dopaminerg-cholinergen Balance, was dann zu den Plussymptomen einer extrapyramidalen Entgleisung führen kann: z. B. das Zungen-Schlund-Syndrom, bei dem bei verdrehtem Kopf zwanghaft die Zunge herausgestreckt wird. Oder es kommt zu „unruhigen Beinen" (restless legs). Die Beine können nicht ruhig gehalten werden, weder im Sitzen, noch im Stehen. Der Kranke muß dauernd aufstehen und herumlaufen. Diese Nebenwirkungen sind rasch durch zusätzliche anticholinergisch wirkende Medikamente (Akineton, Sormodren, Kemadrin) zu beheben. Obwohl der praktische Arzt selten zur Medikation von Neuroleptika veranlaßt wird, treten gewisse Schwierigkeiten auf, wenn einzelne Neuroleptika von den pharmazeutischen Firmen mit dem Argument der Dosisreduktion zu Tranquilizern manipuliert werden. So sind z. B. Lyogen, Melleretten, Orap — trotz niedriger Dosierung — Neuroleptika und können bei chronischem Gebrauch zu extrapyramidalen Symptomen führen. Schizophrene Patienten, die an einer psychiatrischen Abteilung auf ein bestimmtes Depot Neuroleptikum eingestellt wurden (Dapotum, Cisordinol, Fluanxol, Buronil), können ohne weiteres vom praktischen Arzt monatlich einmal oder zweimal ein solches Medikament i. m. verabreicht erhalten. Gleichzeitig muß jedoch ein anticholinergisches Medikament beigegeben werden (Akineton oder ähnliches). Man könnte dem Praktiker empfehlen, in seiner Arzttasche ein bis zwei Ampullen Haldol gegen raptusähnliche Entgleisungen jeglicher Genese und auch ein bis zwei Ampullen Valium à 10 mg, das bei leichteren Erregungs- bzw. Angstzuständen gute Wirkung zeigt, mit sich zu führen.

Buronil hat sich besonders bei alten Menschen bei nächtlicher Verwirrtheit und Agitiertheit bewährt, weil der hangover-Effekt, d. h. die morgendliche Hemmung der Vigilanz, nicht so stark ausgeprägt ist.

Stark wirksame Neuroleptika führen wohl eine gewünschte Sedierung herbei, aber am nächsten Morgen kommt es durch die zusätzliche Mangeldurchblutung des Gehirns zu einer lethargisch-apathischen Reaktionslage. Während wir die Anwendung von Tranquilizern und Antidepressiva in der Hand des praktischen Arztes absolut empfehlen können, möchten wir ihm raten, bei der Anwendung von Neuroleptika zurückhaltend zu sein.

Die sogenannten Spät-Dyskinesien, die nach jahrelanger Medikation der Neuroleptika besonders bei alten Patienten auftreten, zeigen an, daß eine Dauermedikation nicht nur zu biochemischen, sondern auch strukturellen Veränderungen führen kann. Die Therapie dieser Dauernebenwirkung ist immer noch unzureichend, was gleichfalls für eine tiefgreifende Läsion des neuronalen Metabolismus spricht.

MAO-Hemmer

Monoaminoxidase (MAO) ist ein Enzym, das intra- und extraneuronal durch Abbau des jeweiligen Transmitters (DA, NA, 5-HT) das Fließgleichgewicht mitreguliert. Seit über zwanzig Jahren gibt es Drogen, die eine Hemmung der MAO-Aktivität bewirken. Die Präparate Marplan und Niamid hatten jedoch zu viele Nebenwirkungen, so daß sie heute nur historisches Interesse haben.

Johnston entdeckte 1968, daß es verschiedene Formen von MAO gibt. Daraufhin wurden spezifisch wirkende MAO-Hemmer entwickelt. Tranylcypromin (Parnate), ein unspezifischer Hemmer, hemmt vorwiegend den Abbau von NA und 5-HT. Deprenyl (Jumex) — ein spezifischer Hemmstoff des MAO-Typs B — hemmt vorwiegend den Abbau von DA und Phenylethylamin. Während die MAO-Hemmer vom Typ A bei höherer Dosierung zu einem Blutdruckanstieg führen, fehlt dieser sogenannte Cheese-Effekt bei der Verwendung des Jumex vollkommen. Diese Substanz ist daher bei allen DA-Mangelsyndromen wie Parkinson, Depression, Pubertätsmagersucht und auch im Senium ein ideales antriebssteigerndes Medikament. Der Firmenname ist „Jumex" (Ungarn, Österreich, Argentinien), „Eldepril" (England, Finnland).

Tranylcypromin ist in niedriger Dosierung als antriebssteigerndes Medikament bei gehemmten Depressionen in Verwendung und hemmt bei kindlichen Depressionen Konzentrationsschwierigkeiten, Antriebsstörungen, vorzeitige Ermüdung. Das Präparat Jatrosom enthält 13,7 mg Tranylcypromin und 1,18 mg Trifluoperazin (ein Neuroleptikum). Es ist ein ideales antriebssteigerndes Antidepressivum. In den Beipackzetteln von MAO-Hemmern wird immer vermerkt,

30 Angriffspunkte und Zielwirkung der Psychopharmaka

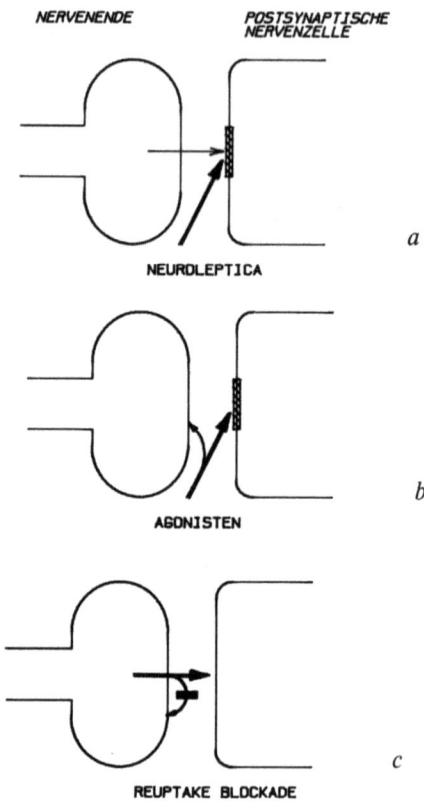

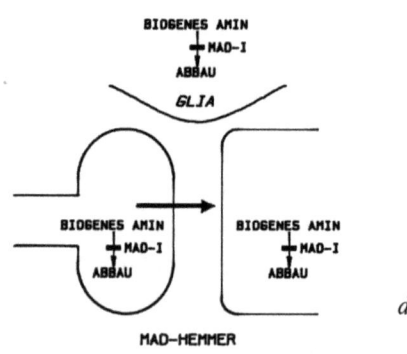

daß eine Kombination mit trizyklischen Antidepressiva nicht zulässig ist. Diese Ansicht ist bei vernünftiger Dosierung und Information des Patienten (Diät) überholt. Seit über zwanzig Jahren verwende ich (W.B.) eine Kombination von Jatrosom (eine Tablette morgens) und Saroten (10 bis 25 mg abends) als ideale antidepressive Verordnung bei mittelstark ausgeprägten Depressionen. Moderne MAO-Hemmer wie z. B. Jumex haben auch keine blutdrucksteigernde Wirkung.

Diese kurze Übersicht über den Wirkungsmechanismus einiger Psychopharmaka (siehe auch Abb. 6) soll dem praktischen Arzt helfen, in seiner Alltagsarbeit über gezieltere Maßnahmen zur Wiederherstellung der biochemischen Balance zu verfügen. Er sollte durch seine Beobachtung und sein Wissen imstande sein, sich ohne Orientierung durch Beipackzettel für die richtige Auswahl des optimalen Medikamentes entscheiden zu können. Da im Schnitt 40 bis 50 Prozent seiner Alltagsarbeit aus psychisch dekompensierten Patienten bestehen, kann dieses Wissensgut eine befruchtende Bereicherung seiner therapeutischen Erfolge bringen.

Abb. 6. Vereinfachte Darstellung des Wirkmechanismus wichtiger Psychopharmaka

a Neuroleptika blockieren postsynaptische (dopaminerge) Rezeptoren, sodaß der aus dem Nervenende freigesetzte Neurotransmitter (Dopamin) keine Wirkung entfalten kann (Hauptanwendungsgebiet: z. B. Psychosen)
b „Agonisten" stimulieren in überwiegendem Maße postsynaptische Rezeptoren und verbessern bzw. ersetzen dadurch den physiologischen Reiz des natürlichen Botenstoffes (Hauptanwendungsgebiet: z. B. die Parkinson-Krankheit)
c „Reuptake"-Blocker hemmen die Wiederaufnahme des in den synaptischen Spalt freigesetzten Neurotransmitters (z. B. biogene Amine) und verstärken dadurch die funktionelle Aktivität des natürlichen Botenstoffes (Hauptanwendungsgebiet: z. B. Depression)
d Monoaminoxidasehemmer blockieren den intra- bzw. extraneuronalen Abbau biogener Amine und verstärken dadurch die physiologische Funktionswirkung des Neurotransmitters (Hauptanwendungsgebiet: z. B. bei Depressionen, Parkinson-Krankheit)

Schmerz

Das umfassendste Informationssystem, das unserem Bewußtsein ein äußerstes Unbehagen bereitet, betrifft die Sinnesempfindung des Schmerzes. Man kann die Schmerzempfindung in eine epikritische Qualität (helle, streng lokalisierbare Schmerzempfindung) und in eine protopathische Form (dumpfer, nicht exakt abgrenzbarer, diffuser Tiefenschmerz) trennen.

Spezifische Chemo-Rezeptoren werden durch verschiedene Substanzen erregt (Plasmakinine, Bradykinin, Histamin, Serotonin, Neuroleptika, Prostaglandine). Unspezifische Verstärkermechanismen steigern den subjektiven Schmerzcharakter.

Eine konstitutionelle Kapazität und konditionelle Aktivität verschiedener Neurotransmitter variieren die Schmerzempfindung. Der Neurotransmitter Noradrenalin steigert die Schmerzempfindung. Die Angst als psychisches Korrelat einer NA-Freisetzung steigert gleichfalls die Schmerzempfindung.

Vigilanz bzw. „Arousal reaction" (Bewußtseinshelligkeit) erhöhen gleichfalls die Schmerzempfindlichkeit. Eine Ischämie steigert die Erregbarkeit der Rezeptoren im betroffenen Gebiet. Die Schmerzschwelle ist somit variabel. Konstitutionelle Sympathikotoniker sind schmerzempfindlicher, konstitutionelle Vagotoniker haben eine höher eingestellte Schmerzschwelle. Konditionell ist die Schmerzschwelle unter NA-Stimulierung niedriger, also im Fieber, bei Infekten oder auch bei Hyperthyreosen. Unter Serotonineinfluß (Schlaf) ist die Schmerzschwelle erhöht.

Der helle, epikritische Schmerz wird über myelinhältige A-Delta-Fasern geleitet. Der dumpfe vegetative Schmerz wird über marklose C-Fasern geleitet. Diese C-Fasern verlaufen afferent, gemeinsam mit Sympathikus-Fasern, und erreichen ohne ganglionäre Umschaltung das Rückenmark. Im Hinterhorn erfolgt die erste Umschaltung in der Substantia gelatinosa. Die Substanz P ist im Hinterhorn in hoher Konzentration nachweisbar. Sie spielt eine Rolle bei der Schmerzübertragung.

Mehrere andere Neuropeptide haben einerseits eine hemmende Funktion in der Schmerzleitung (Somatostatin, Endorphin, Enkephalin) oder eine fördernde wie Neurotensin. Im Tractus spinothalamicus leiten A-Delta-Fasern die epikritischen Schmerzqualitäten. Im phylogenetisch älteren Teil des Tractus spinothalamicus leiten C-Fasern den phylogenetisch älteren protopathisch diffusen schwer abgrenzbaren Schmerz.

Daß eine biologisch so essentielle Empfindung wie der Schmerz auf mehrfachen Etagen modifiziert werden kann, ist verständlich. Die Schmerzempfindung soll unserem Bewußtsein mitteilen, daß eine Gefahr droht. Ihre Funktion besteht somit darin, eine „Arousal reaction" auszulösen. Im Hirnstammbereich werden von allen Empfindungsbahnen – insbesondere von den Schmerzbahnen – kollaterale Fasern zur Formatio reticularis abgezweigt. Dadurch entsteht eine kortikale Aktivierung mit einer Aufhellung des Bewußtseins, aber auch eine Stimulierung im limbischen Bereich mit einer emotionalen Reaktion wie z. B. Angst, einer vegetativen Reaktion wie z. B. Tachykardie, Blutdruckanstieg und über nigro-retikuläre absteigende Bahnen eine Stimulierung des Muskeltonus. Es ist anzunehmen, daß NA der Transmitter der generellen „Arousal reaction" ist. Die emotionale und vegetative Response und auch der Anstieg des Muskeltonus sprechen für diesen Auslöser. Sicher haben schmerzprotektive Neuropeptide wie Neurotensin, Prostaglandine oder Somatostatin einen modifizierenden Einfluß. In analoger Weise haben schmerzinhibierende Faktoren wie Endorphin oder Enkephalin einen sedierenden Effekt auf die Schmerzempfindung. Der Transmitter dieser Hemmfunktion könnte das Serotonin sein. Dieses biogene Amin erhöht die Schmerzschwelle. Wesentlich ist, daß eine Schmerzempfindung im Hirnstammbereich zu einer Irradiation in limbische Areale mit den entsprechenden affektiv-emotionalen und vegetativen Reaktionen führt. Gleichzeitig sind im Hirnstammbereich Feedbackregulatoren in Aktion, die eine überfordernde Reaktion auf Schmerzreize inhibieren. Eine Serotoninfreisetzung in dieser Region, die von der Benommenheit bis zum Bewußtseinsverlust führen kann, hemmt fraglos eine

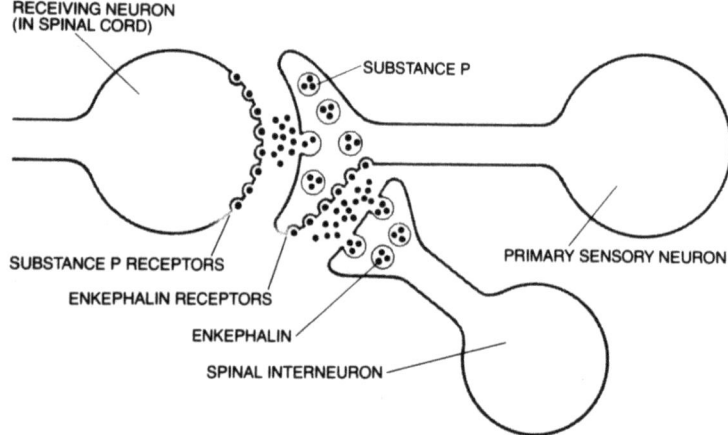

Abb. 7. Hypothetischer Übertragungsmechanismus am ersten synaptischen Relais im Rückenmark, welcher die Übertragung der Schmerzinformation eines peripheren Schmerzes in das Gehirn steuert. Im dorsalen Horn des Rückenmarks sind enkephalinenthaltende Interneuronen synaptisch mit Axonenden eines „Schmerzneurons" gekoppelt. Letztere enthalten Substanz P als Transmitter. Freisetzung von Enkephalin aus den Interneuronen bewirkt Hemmung der Freisetzung von Substanz P, sodaß das Empfängerneuron des Rückenmarks einen geringeren exzitatorischen Stimulus erhält und daher weniger Schmerzimpulse an das Gehirn leitet. Opiate, wie z. B. Morphin, dürften an nichtbesetzte Enkephalinrezeptoren binden und dadurch den schmerzunterdrückenden Effekt des Enkephalinsystems ersetzen. [Aus: Iversen LL (1979) The chemistry of the brain. In: The brain. Freeman, San Francisco, pp 70—81]

dramatische Überaktivität des bewußten Schmerzerlebens. Das bewußte Erleben des Schmerzes hängt nicht nur von der Quantität des Schmerzreizes ab, sondern auch von der Aktivität der „Arousal"-Potenz des Transmitters Noradrenalin und den schmerzpotenzierenden Neuropeptiden, andererseits von den inhibierenden Transmittern der „Arousal"-Funktion wie Serotonin, nebst den korrelierenden Opiatagonisten wie Enkephalin und Endorphin. Dieses Modell ist keineswegs eine gedankliche Konstruktion, sondern entspricht der klinischen Erfahrung.

Maximaler Schmerz, der die Homöostase sprengen würde, wird durch eine Schutzregulierung in eine Bewußtlosigkeit geleitet. Damit ist der lebensbedrohende Schmerz neutralisiert. Je peripherer der Schmerzauslöser neutralisiert werden kann, um so günstiger sind die therapeutischen Resultate. Schmerz bei einer lokalen Periostitis (Tennisarm) kann durch eine simple Procain-Infiltration beseitigt werden. Penetriert Schmerz jedoch bis in den retikulären Bereich, dann ist die Irradiation in den affektiv-vegetativen Bereich des limbischen Systems so massiv, daß nur mehr mit Opiatagonisten eine Schmerzreduktion möglich ist. Neben den physiologischen Neuropeptiden sind nur verschiedene Psychopharmaka imstande, diese irradiierten Dekompensationen zu neutralisieren. Je nach Größe der Entgleisung können hiebei Tranquilizer, Antidepressiva und Neuroleptika die Homöostase wiederherstellen.

Ganz allgemein kann man sagen, daß protopathische Schmerzsensationen (Muskelkrämpfe, Gefäßkrämpfe) eine große Neigung besitzen, die Tiefenperson zu irritieren. Der segmental epikritische Schmerz einer Bandscheibenprotrusion zeigt ein anderes Verhalten.

Rein klinisch bereitet es keine Schwierigkeiten, den epikritisch lokalisierten Schmerz zu diagnostizieren. Es sind dies Schmerzempfindungen, die von der Haut, der Beinhaut, den Muskeln, dem Bindegewebe von Knochen und Gelenken ausgehen. Der protopathische Tiefenschmerz ist – wie erwähnt — nicht lokalisierbar. Er hat einen dumpfen Charakter, wird auch nicht so blitzartig geleitet wie etwa der Schmerz bei einer Trigeminus-Neuralgie. In der Entstehung und im Abklingen ist er fluktuierend. Außerdem ist er mit vegetativen Begleitsymptomen wie Schweißausbruch, Tachykardie, Gänsehaut und mit affektiven Begleitsymptomen wie Angst korreliert. Lokalisatorisch sind Schmerzen, die eine halbe Seite des Körpers befallen, meist zentraler Genese (Thalamus). Doppelseitige Schmerzen lassen an eine spinale Genese denken oder auch an eine Polyneuropathie (Diabetes).

Segmentale Schmerzen sind die Folge von mechanischen Auslösern (Bandscheibenprotrusionen) oder entzündlichen Reaktionen (Neuritis).

Die protopathischen Tiefenschmerzformen können durch Krämpfe oder Dehnung der Hohlorgane wie Magen, Darm, Gallenblase, Harnblase, Urethren usw. ausgelöst werden. Auch Gefäßschmerzen gehören zur Gruppe der protopathischen Schmerzen. Histamin, Serotonin, Prostaglandine sind Vermittler für die Schmerzrezeptoren.

Ein besonderes protopathisches Schmerzphänomen stellt die Kausalgie dar. Es bestehen brennende Schmerzen in einer Extremität. Sie kamen besonders im letzten Krieg nach peripheren Schußverletzungen zur Beobachtung. Besonders charakteristisch sind brennende Schmerzen bei extrem trockener Haut sowie roter dünner Haut. Neben dem Spontanschmerz ist der Summationseffekt besonders charakteristisch. Leichteste Berührungsreize lösen einen vulkanartigen Schmerzausbruch aus. Schon das Zuschlagen eines Fensters oder ein lautes Wort wirken als unspezifische Auslöser. Die Therapie der Wahl bestand während der Kriegszeit in einer Sympathektomie im entsprechenden Segment (Kux). In der heutigen Zeit kommen solche Schmerzsensationen seltener zur Beobachtung. Therapeutisch hat man das gesamte Rüstzeug der Psychopharmaka vom Lexotanil bis zum Haldol zur Verfügung.

In der heutigen Zeit bekommt man hingegen ein Syndrom häufiger zu sehen, das Syndrom „Burning feet". Es sind dies brennende Schmerzen in den unteren Extremitäten, die besonders abends im warmen Bett auftreten. Die Beine werden abgedeckt und dauernd bewegt (Restless legs). Als Auslöser ist eine parasympathische Aktivierung im limbischen System anzunehmen. Rötung und Wärmeentwicklung der Beine sprechen jedenfalls dafür. Die brennenden Füße scheinen nicht der Entstehungsort der Schmerzen zu sein, sondern möglicherweise das Projektionsfeld einer limbischen Dekompensation. In leichteren Fällen besteht die Therapie einfach im Umhergehen. Diese motorische Stimulierung kann die biochemische Balance wiederherstellen. Bei schweren Entgleisungen helfen Lexotanil oder Tryptizol. Diese brennenden Füße sind nicht selten das Symptom einer larvierten Depression, bei der die Balance der Neurotransmitter besonders im limbischen System entgleist ist.

Als Folge kommt es zu Projektionen in verschiedene Organe, zum Beispiel eine Projektion, die zu einem Krampf in der Gallenblase führt, oder zu einem häufigen Zwang zu urinieren oder zu einer chronischen Obstipation. Bei diesen projizierten Entgleisungen hilft nur ein gezieltes Antidepressivum.

Ein besonders häufig anzutreffendes Schmerzsyndrom ist die Brachialgia paraesthetica nocturna. Es besteht eine schmerzhafte Parästhesie in einer oder in beiden Händen, die meist in der Nacht auftritt. Bei einseitigem Befall kann man die Angst des Patienten, es könnte ein zerebraler Insult entstehen, rasch widerlegen. Wenn der Patient die betreffende Hand bewegt oder massiert, verschwinden Gefühllosigkeit und der Schmerz schlagartig, was bei einer transitorisch-ischämischen Attacke (T. I. A.) nie der Fall ist. Der unmittelbare Auslöser dieses Zervikalsyndroms ist meist eine zervikale Spondylopathie. Sie verursacht eine pathologische Veränderung des Muskeltonus. Sowohl Verkrampfungen an der Nackenmuskulatur als auch eine schlaffe Hypotonie dieser

Region (Schreibmaschinenschreiben, Klavierspielen) können diese tonogenen Entgleisungen auslösen. Eine Tonolyse durch Lexotanil oder Lioresal bzw. eine Tonisierung mit Madopar (62,5) können die Tonusentgleisung normalisieren.
Der Muskeltonus der gesamten Rücken- und Hüftmuskulatur ist geradezu der Schlüssel zum Verständnis der vielen Schmerzsyndrome der Wirbelsäule. Das Paradigma eines epikritischen segmentalen Schmerzes liegt beim Bandscheibenprolaps vor. Durch eine brüske Dreh- oder Beugebewegung in der Lendenwirbelsäule tritt plötzlich ein segmentaler Schmerz auf, der vom Kreuz bis in die Zehen ausstrahlt. Dieser segmentale Schmerz wird durch das posttraumatische Ödem intensiver. Dadurch kann es zur Eskalation in den motorischen Wurzeln kommen. Die Patienten spüren eine Schwäche im betroffenen Bein, die Reflexe fehlen. Eine Hypästhesie für alle Empfindungsqualitäten läßt die betroffenen Segmente objektivieren. Eine Indikation zu einem chirurgischen Eingriff ist dann gegeben, wenn zunehmende Paresen oder eine komplette Anästhesie entstehen. Sonst kann man im akuten Ereignis durch eine chiropraktische Manipulation eine normale Haltung herstellen. Die Schmerzen können spontan zurücktreten oder erst nach einigen gezielten Procain-Infiltrationen, denen man sinnvoll Cortison zusetzt, um das Begleitödem zu reduzieren.
Viel häufiger als dieses dramatisch-traumatische Modell sieht man Patienten mit Bandscheiben-Protrusion, d. h., durch Arbeitsüberlastung, durch sportliche Überforderung kommt es zum Erschlaffen des Muskeltonus in der Lendenregion. In der Folge treten langsam zunehmende segmentale Schmerzen auf, die nur gelegentlich bis in die Fersenregion ausstrahlen. Auch dieser Schmerz ist epikritisch, d. h., der Kranke kann den Sitz genau angeben und durch Veränderung der Haltung (rechts bzw. links beugen oder beugen nach vor) eine Intensivierung oder eine Verringerung des Schmerzes angeben. Dieses Syndrom der Bandscheiben-Protrusion ist primär durch eine Insuffizienz des Muskeltonus ausgelöst.

Dieser Defekt basiert auf einem Defizit der Neurotransmitter, die für den Muskeltonus verantwortlich sind. Es sind dies vorwiegend Acetylcholin, Dopamin und Noradrenalin.

Daher treten in verschiedenen Situationen eines Transmitterdefizits „Kreuzschmerzen" auf. Von der banalen Ermüdung beim längeren Gehen, Wandern oder Bergsteigen löst die tonogene Dekompensation den Schmerz aus. Desgleichen kann auch bei einem viralen Infekt (Grippe) der Muskeltonus reduziert sein, wodurch latente Schmerzsyndrome wieder aufflackern. Auch in einer Depressionsphase führt die Reduktion an Neurotransmittern zu einer Reduktion des Muskeltonus. Die Folge davon ist die schlaffe, gebeugte Körperhaltung und das Aufflackern der Kreuzschmerzen. Im Extremfall der Parkinson-Krankheit führt schließlich das Defizit von Dopamin und Noradrenalin zur typisch gebeugten Körperhaltung, die zu einer mechanischen Irritation der lumbosakralen Nervenwurzeln mit den typischen Begleitschmerzen führt. Das Plus oder Minus der Neurotransmitter führt zu einer Entgleisung des Muskeltonus und sekundär zu epikritischen Schmerzsensationen. Das gleiche Prinzip führt auch im Bereich der Halswirbelsäule zu sekundären Schmerzsensationen. Am bekanntesten ist die Migraine cervicale. Sie umfaßt im typischen Fall den morgendlichen Nackenschmerz, der diffus bis in die Scheitel-Stirn-Gegend, ja bis zu den Augen ausstrahlen kann. Im Vordergrund der Genese kann eine pathologische Bewegungssperre der Halswirbelsäule stehen, wodurch die Arteriae vertebralaes irritiert werden, was zu einer Drosselung der Durchblutung im Bereich der Arteria basilaris führt. Aber auch ein verkrampfter Muskeltonus der Nackenmuskulatur sowie ein schlaffer Muskeltonus (bei larvierter Depression) können zu einer Minderdurchblutung im Basilaris-Bereich mit ischämischbedingten Kopfschmerzen führen. Die Stabilität der Halswirbelsäule spiegelt die Schlüsselstelle der Migraine cervicale und analoger Kopfschmerzsyndrome. Im gegebenen Fall einer muskulären Verkrampfung kann man mit einer Massage oder mit einem Tonolytikum wie Lioresal (10 bis 25 mg) eine Schmerzfreiheit erzielen. Desgleichen kann durch Verordnung eines antriebssteigernden Antidepressivums der schlaffe Muskeltonus der Nackenmuskulatur stimuliert werden (Dixeran 10 bis 15 mg, Noveril 40 bis 80 mg, Jatrosom 2—4 Tbl.). Damit sind wir bei dem wohl häufigsten Beschwerdemuster des modernen Menschen angelangt, beim Kopfschmerz.

Der Kopfschmerz steht zweifelsohne von allen Beschwerden des Menschen an der Spitze. Es gibt zahllose Bücher und Hypothesen. Objektivierbare Methoden zur Einteilung der möglichen oder wahrscheinlichen Ursachen fehlen. Natürlich gibt es Formen der Kopfschmerzen, die sich relativ leicht einordnen lassen, z. B. der Kopfschmerz bei intrakranieller Drucksteigerung (Tumor, Hirnödem bei Enzephalitis, auch posttraumatisch bei Commotio cerebri). Die Schmerzrezeptoren werden mechanisch durch erhöhten Druck stimuliert. Eine Entwässerung mit Humanalbumin, Cortison, oder auch Lasix, Moduretic, können vorübergehend oder dauernd zur Beschwerdefreiheit führen.

Eine klinisch relativ exakt faßbare Form ist die typische Migräne. Der klassische Halbseitenkopfschmerz mit Brechreiz und Übelkeit beginnt meist in der Nacht bzw. in den frühen Morgenstunden und kann Stunden bis tagelang anhalten. Als Auslöser kommen relativ häufig Wetterveränderungen in Betracht, meist sind es Wetterfronten mit nachfolgendem Tiefdruck. Das könnte man folgendermaßen interpretieren: Eine Tiefdruckveränderung löst im vegetativen System z. B. eine Serotoninfreisetzung aus, die bei normalen Menschen eine leichte Müdigkeit, Schläfrigkeit und Antriebsschwäche auslöst. Beim Migränekranken kann diese Serotoninfreisetzung durch Rückkopplungsmechanismen nicht gebremst werden. Als Folge wäre vorstellbar, daß im Migräneanfall durch Öffnen der arterio-venösen Anastomosen im Gehirn ein ungehinderter Abfluß des arteriellen, sauerstoffhältigen Blutes in die abführenden Venen ausgelöst wird.

Der dadurch entstehende Sauerstoffmangel könnte als die unmittelbare Ursache des Migräneschmerzes anzusehen sein. Bei der sogenannten Migraine accompagnée kommt es zu passageren Sprachstörungen, Hemiparesen, Hemianästhesien, Hemianopsien sowie zu Flimmerskotomen.

Vom klinischen Gesichtspunkt liefert die Auslösung durch Wetterstreß eine brauchbare Erklärung. Sie stellt den Anfall als Verlust einer bestimmten Neurotransmitterbalance dar. Tatsächlich liefert nach meiner (W. B.) Erfahrung eine Dauermedikation von noradrenalinstimulierenden Antidepressiva (Dixeran usw.) langfristig günstigere Ergebnisse als die üblichen Migränepräparate, die ja erst die Folgen der Dekompensation beseitigen. Das ist immer schwerer, als vorbeugend eine Entgleisung hintanzuhalten.

Eine seltene Form ist der Cluster-Kopfschmerz, auch Erythroprosopalgie genannt. Dieser Schmerz tritt vorwiegend in der Nacht auf, ist halbseitig und zeigt auf der befallenen Seite eine Rötung des Gesichtes. Eine Rötung der Bindehaut, Tränenfluß, Schleimhautschwellung der Nase und eine Miosis auf der gleichen Seite kommen allerdings seltener zur Beobachtung. Auch bei diesem Syndrom könnte man als Auslöser Serotonin (oder andere Neurotransmitter mit ähnlichen Eigenschaften) annehmen. Alle Symptome deuten jedenfalls darauf hin. Als sinnvolle Therapie können L-Tryptophan und serotoninstimulierende Antidepressiva (Tryptizol, Saroten) empfohlen werden.

Die häufigste Form umfaßt fraglos den sogenannten vasomotorischen Kopfschmerz. Dieses Syndrom stellt einen Sammeltopf aller Formen dar, die keine sinnvolle Gliederung oder Analyse ermöglichen, mit Ausnahme der Tatsache, daß solche Patienten durch sämtliche Streßbelastungen mit „ihrem" Kopfschmerz reagieren. Wind, Kälte, Hitze, Infekt, Übermüdung, Alkoholkonsum, psychische Irritation, Angst usw. sind typische Auslöser. Diese polikonditionelle Auslösung basiert auf einer konstitutionellen Komponente. Man könnte eine besondere Erregbarkeit der Schmerzrezeptoren als gemeinsames pathogenetisches Element herausstellen. Eine generell zielführende Therapie ist unserer Meinung nach nicht gegeben.

Als relativ häufige Form muß noch der Spannungskopfschmerz angeführt werden. Es ist der berühmte „Reifen um den Kopf", der eine schmerzhafte Einschnürung auslöst. Eine Muskelkontraktion der Nackenmuskulatur wird als Ursache angenommen. Tranquilizer, die neben der emotionalen Relaxation auch myotonisch wirken, sind empfehlenswert.

Ein besonderes Schmerzsyndrom stellt die Trigeminusneuralgie dar. Anfallsartig auftretende maximale Schmerzsensationen, die in einem der drei Trigeminusäste aufblitzen, treten in Erscheinung. Der Schmerz dauert Bruchteile von Sekunden, kann durch bestimmte Trigger-Points ausgelöst werden, d. h., das Berühren eines kleinen Punktes in der Mundhöhle durch die Zungenspitze oder durch ein Nahrungsbrösel löst blitzartig den Schmerz aus. Auch Kau-, Lippen- und Schluckbewegungen oder auch das Sprechen allein können den Anfall auslösen. Die Blitzartigkeit, die strenge Lokalisation und der helle Schmerzcharakter weisen auf einen epikritischen Schmerz hin. Das höhere Lebensalter ist bevorzugt befallen. Nach dem Auslösermodell könnte man diesen Schmerz als epileptisches Äquivalent bezeichnen, und tatsächlich können mit Tegretol-Medikationen gelegentlich Erfolge erzielt werden. Zusätzlich reduzieren serotoninstimulierende Antidepressiva (Tryptizol, Saroten, Sinequan, dreimal 10 bis 25 mg täglich, Tolvon 30 mg) die Frequenz der Anfälle.

Ein spezielles Schmerzsyndrom, das in jüngster Zeit häufig bei älteren Menschen auftritt, ist der Zoster-Schmerz. Das spezifische Virus befällt zunächst die sensiblen Spinalganglien, ergreift aber gar nicht so selten auch die motorischen Neuronen. Die peripheren Lähmungen treten im Lauf von Monaten zurück. Die segmental begrenzten Hypästhesien sind das Projektionsfeld grauenhafter Schmerzen. Die spinalen Schmerzrezeptoren sind durch die Entzündung derart stimuliert, daß quasi spontan ohne Auslöser Schmerzempfindungen von den Narben zentralwärts geleitet werden. Besonders in der Nacht sind die Schmerzen kaum zu ertragen. Es ist geradezu ein paradoxes Phänomen, daß in der Serotoninphase der Nacht, in der die Reizschwelle an sich erhöht ist, beim Zoster-Schmerz gerade nachts eine unerträgliche Dauerschmerzirritation besteht. Dies weist darauf hin, daß — wie eingangs erwähnt wurde — auch andere Neurotransmitter für den Schmerz verantwortlich sind. Therapeutisch stehen uns nur Tranquilizer und in besonders dramatischen Fällen stark wirksame Neuroleptika (Haldol) zur Verfügung. Entscheidend bei der Zosterkrankheit ist, daß eine moderne Soforttherapie häufig unzureichend eingeleitet wird. Beim Auftreten der ersten segmentalen Effloreszenzen mit Schmerzen müssen sofort Infusionen mit PK-„Merz" (Amantadin) und Cortison-Zusatz angewendet werden. Gleichzeitig ist ein Zusatz von Gammaglobulin empfehlenswert. Es ist heute als ärztlicher Kunstfehler zu bezeichnen, bei akutem Zoster Vitamin-B-Injektionen oder Puderverband zu verabreichen.

Schlaf

Das biologische Phänomen „Schlaf" ist eine Instinkthandlung, also ein aktives Geschehen, das für den Organismus eine energetische Aufbauphase darstellt.
Dieser ganzheitliche Vorgang wird vom Mittelhirn gesteuert. W. R. Hess hat durch seine Reizversuche an Katzen gezeigt, daß durch elektrische Stimulierung im Mittelhirn bei Katzen Schlaf ausgelöst werden kann. Jouvet gelang es, den voraussichtlichen Transmitter für die Schlafauslösung zu entdecken. Es ist das Serotonin (5-HT). Er konnte zeigen, daß Parachlorphenylalanin, ein Antagonist der 5-HT-Synthese, den Schlafeintritt blockiert. Die Präkursoren L-Tryptophan und 5-Hydroxytryptophan, welche die Blut-Hirnschranke passieren, werden im Neuron zu Serotonin synthetisiert. Durch Freisetzung des Transmitters wird der Schlaf ausgelöst. Hand in Hand mit der Ausschaltung des bewußten Wachzustandes geht eine biologische Gesamtumschaltung im Organismus vor sich. Die sympathische Leistungsphase – z. B. durch den Transmitter Noradrenalin (NA) aufrechterhalten – wird von der trophotropen Phase des Energieaufbaues abgelöst. Der Blutdruck sinkt, der Puls geht verlangsamt, die Atmung ist oberflächlicher, die Reizschwelle für Schmerz ist erhöht.

In letzter Zeit wurden supraoptische Kerngebiete (Nn. supra hiasmatici) als schlafsteuernde Zentren erkannt. Es sind dieselben Zentren, die schon Economo für die Schlafsteuerung verantwortlich gemacht hat. Nach Zerstörung dieser Regionen geht der Schlafrhythmus verloren. Bei raschen Veränderungen der Zeitzonen bei Flugreisen paßt sich die Schlafphase wohl an die Rhythmik Licht – Dunkel an, aber die vorhandene innere Rhythmik bleibt erhalten, was zu

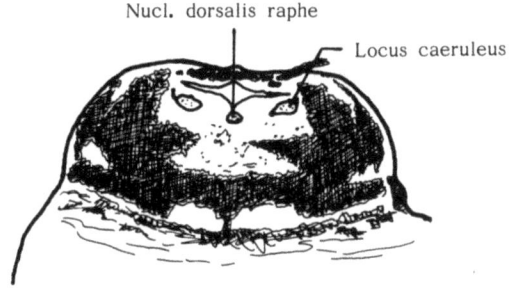

Abb. 8. Wichtige Hirnstammregionen zur Steuerung des Schlaf-Wachrhythmus; Locus caeruleus enthält die Zellkörper der Noradrenalinsynthese, Raphe synthetisiert Serotonin

einem gestörten Befinden führt. Bei Flügen nach dem Westen sind die REM-Phasen erhöht, bei Flügen nach dem Osten werden die REM-Phasen blockiert. Das führt zu einer verstärkten Störung des Befindens (besonders Müdigkeit, Apathie, Inaktivität). Neben dem 24-Stunden-Zyklus gibt es auch einen kurzfristigen 90-Minuten-Rhythmus, der Tag und Nacht, unabhängig vom Lichteinfluß, abläuft. Seine Steuerung erfolgt durch pontine Kerne.

Eine Nicht-REM-Phase wird vom Nucleus dorsalis raphe in der vorderen Brückengegend gesteuert. Diese Phase löst trophotrope Funktionen aus. Sie ist nach ca. 90 Minuten von einer REM-Aktivitätsphase gefolgt, die vom Locus caeruleus aktiviert wird. Diese führt zu einer ergotropen Phase. Diese beiden Kerne halten den 90-Minuten-Zyklus über Feedbackmechanismen zwischen Energieaufbau (N. raphe) und Energieverbrauch (L. caeruleus) aufrecht. Dieser Rhythmus ist unabhängig vom 24-Stunden-Zyklus, der von den supraoptischen Kernen gesteuert wird.

Vermutlich ist der 90-Minuten-Rhythmus der archetypisch ältere. In unserem Leben ist er nur mehr rudimentär vorhanden. Nur unsere Aufmerksamkeitsphase (Arousal) ist auf 90 Minuten beschränkt, und erst nach einer trophotropen Unterbrechung folgt eine durch Noradrenalin zustande kom-

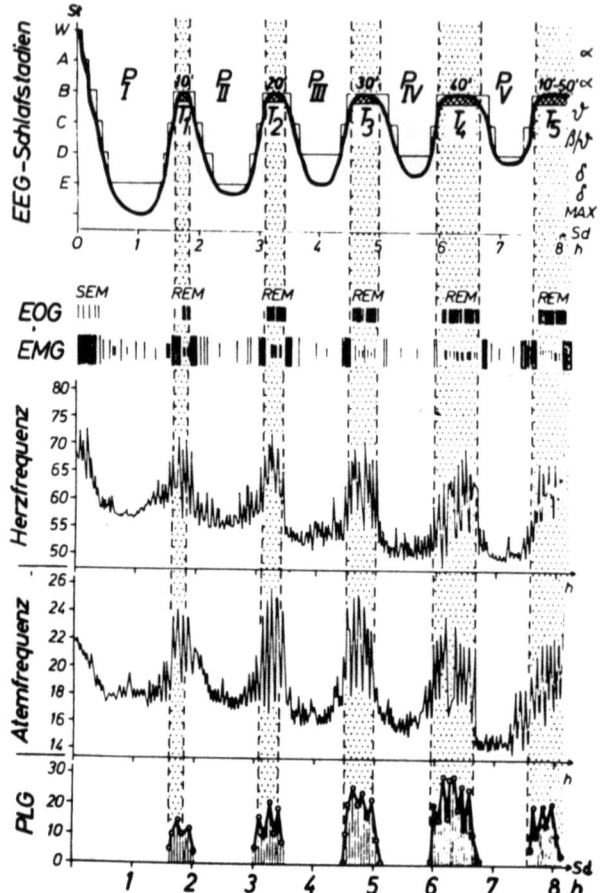

Abb. 9. Schematische Darstellung der Schlafperiode *(P)*. Vom Abend bis zum Morgen werden die Traumphasen *(T)* immer länger, der übrige Teil des Schlafes immer länger. Herz- und Atmungsfrequenz sinken vom Abend bis zur siebenten Schlafstunde, zeigen aber periodische Anstiege während der Traumphasen.
SEM Slow Eye Movements (langsame Augenbewegungen)
REM Rapid Eye Movements (rasche Augenbewegungen)
PLG Phallographie (die Figuren dazu demonstrieren Vorkommen, Dauer und Schwankungen der Erektionen)
h Schlafdauer in Stunden
[Aus: Jovanovic UJ (1976) Schlaf und vegetatives Nervensystem. In: Sturm A, Birkmayer W (Hrsg), Klinische Pathologie des vegetativen Nervensystems, Bd 1, G. Fischer, Stuttgart, S 363–450

mende neue Leistungsphase. Jede echte Schlafphase beginnt mit einer Nicht-REM-Phase.

Der Schlaf kann eingeteilt werden in *Tiefschlafphasen*, die u. a. durch Serotoninfreisetzung ausgelöst werden, und in dazwischengeschaltete *REM-Phasen* (rapid eye movements), die durch Freisetzung u. a. von Noradrenalin zustande kommen. Das sind Traumphasen, die mit Aktivierung des EEGs, der Herztätigkeit, der Atemtätigkeit, des Blutdruckes einhergehen (Abb. 9). Eine REM-Phase – auch „paradoxer Schlaf" genannt, weil er nicht durch 5-HT, sondern durch NA ausgelöst wird – ist ein Feedbackmechanismus, d. h., ein zu tiefer 5-HT-Schlaf löst über eine Rückkopplung eine NA-Aktivität aus, die die biochemische Balance 5-HT : NA wieder herstellt. Diese sinnvolle Autoregulation garantiert die nutritive Homöostase. Eine permanente Tiefschlafphase würde letztlich zum Koma führen, in dem die Weckbarkeit (arousal reaction) zur zerebralen Aktivitätsphase erschwert ist. Träume sind also Ausdruck einer unter anderem durch NA ausgelösten zerebralen Aktivierung, die allerdings selten bis zum Wachbewußtsein führt. Zweckmäßigerweise treten im Alter solche REM-Phasen häufiger auf, um ein Abgleiten in eine bedrohliche Nutritionskrise zu verhindern.

Eine Läsion im Locus caeruleus, der Produktionsregion des NA, führt zu einer Reduktion der REM-Phasen und damit zu einer Insuffizienz aller zerebralen Aktionen.

Balance zwischen Energieverbrauch und Energieaufbau

Das interneuronale Gleichgewicht zwischen dem Schlafstoff 5-HT und dem Wachstoff NA, das über Feedbackmechanismen aufrechterhalten wird (parasympathisch-sympathisches Gleichgewicht), ist die Voraussetzung für eine ausgeglichene Balance zwischen Energieverbrauch und Energieaufbau. Beim Verlust der Balance treten Störungen des Schlaf-Wach-Rhythmus auf. Auslöser solcher Balancestörungen stammen sowohl aus dem endogenen Bereich des Organismus als auch aus dem exogenen Bereich des Milieus. Die endogenen Ursachen einer Schlafstörung wurden von Economo im Verlauf der Encephalitis lethargica eingehend beschrieben. Patienten, die tagelang nicht schlafen konnten, und solche, die wochenlang durchschliefen, kamen zur Beobachtung. In unserer Zeit kommen Encephalitiden und Hirntumoren gleichfalls als pathologische Schlafauslöser in Frage.

Störfaktoren des Schlafes und Therapiemöglichkeiten

1. Reize aus dem Milieu

Grundsätzlich können alle Reize aus dem Milieu zum Verlust z. B. der NA/5-HT-Balance führen. Zunahme des Lichtes bewirkt über zur Zeit noch unbekannte Funktionen der Retina, an welchen Melatonin, Dopamin und andere Neurotransmitter beteiligt sein dürften, eine Aktivierung des Hirnstammes und bewirkt dort eine „arousal reaction". Diese Wachreaktion (Moruzzi - Magoun 1949) wird vorwiegend durch den Neurotransmitter NA ausgelöst.

Sämtliche afferente Sinnesreize aus der Peripherie (optisch, akustisch, taktil, thermisch, schmerzhaft) geben im Bereich der Formatio reticularis Erregungen zu den NA-Neuronen ab. Durch deren Stimulierung wird eine „Arousal reaction" ausgelöst. Die Bewußtseinshelligkeit erfährt eine Steigerung (Angst, Freude), der vegetative Funktionskreis erfährt durch NA eine Aktivierung des sympathischen Systems (Tachykardie, RR-Steigerung, Austrocknung der Schleimhäute), und der Muskeltonus wird durch Stimulierung der peripheren Gammaschleife erhöht. Damit sind die Voraussetzungen für die Bewältigung der verschiedensten Herausforderungen im Leben gegeben. So sinnvoll dieses biologische Phänomen „Arousal reaction" zur Überwindung jeglicher Gefahr ist, so pathologisch wirkt sich eine Überaktivität auf den normalen Wach-Schlaf-Rhythmus aus.

Lichtreize bei Film- und Fernsehkonsum können über eine pathologische „Arousal reaction" zu einer Schlafstörung führen. Akustische Stimulationen (Straßenverkehr, Industrielärm) sind im modernen Alltag häufige Auslöser von Schlafstörungen.

2. Schmerzreize aus der Peripherie

Eine Ischialgie, eine Wurzelneuralgie bei einer Bandscheibenprotrusion, Zosterneuralgien, Pruritus verschiedenster Genese, Gelenksschmerzen bei senilen Arthrosen, aber auch ein ischämischer Schmerz bei arterieller Verschlußkrankheit, Magen-Darm-Krämpfe bei Infekten und Intoxikationen, spondylogen verursachte Zervikalsyndrome (besonders nachts) können über einen permanenten Reizstrom eine „Arousal reaction" im Hirnstamm auslösen, die zu einer Beeinträchtigung der Schlaffunktion führt.

3. Emotionale Reize

Eine weitere Quelle einer Schlafstörung kann im emotionalen Bereich liegen. Bewußt erlebte emotionale Reizkonstellationen, wie Ärger am Arbeitsplatz oder in einem Heim, freudige Ereignisse aus dem Freundes- oder Familienkreis, bewußt erlebte Angstreaktionen im Alltag (Fliegen, lange Autofahrten) lösen gleichfalls Schlafstörungen aus.

Eine psychotherapeutische Entspannungsmethode wie das autogene Training ist imstande, bei emotional-affektiv ausgelösten Schlafstörungen eine Umschaltung von sympathischer zu parasympathischer Aktivität zu stimulieren. Das durch Suggestion entstehende Schwere- und Wärmegefühl ist Ausdruck eines solchen Vorganges.

4. Reize aus dem Unbewußten

Umfangreich sind Reizkonstellationen aus dem unbewußten Bereich. Schuldkomplexe aus infantilen Phasen mit Angstreaktionen stammen aus dem neurotischen Funktionskreis. Sie führen zu übersteigerter sympathischer Reaktion mit der Folge der Schlaflosigkeit.

5. Frustrationen

Frustrationen im beruflichen oder sexuellen Bereich sind gleichfalls imstande, über eine Überaktivität sympathischer Neurotransmission eine „Arousal reaction" mit Schlaflosigkeit auszulösen. Ebenso können Menschen durch Konflikte im sozialen Bereich oder politisch Verfolgte bzw. durch politischen Terror traumatisierte Menschen durch ein Übermaß an Streß zu *einer Schlafstörung manipuliert* werden.

6. Konsum wachmachender Stoffe

Der häufigste Schlafblockierer ist zweifellos der *Kaffee*. Coffein führt unter anderem zu erhöhter katecholaminerger Aktivität. Dadurch entsteht ein wachmachender Effekt. Die belebende Wirkung in unserer leistungsbetonten Gesellschaft ist sicher eine Hilfe zur Überwindung von Inaktivitätsphasen nach dem Essen, nach schwierigen, langen Konferenzen oder nach langen Autofahrten. Am späten Nachmittag sollte man einen übertriebenen Kaffeegenuß vermeiden, weil er die Erholungsphase des Schlafes blockiert. Bei hochgradiger Erschöpfung, nach anstrengender körperlicher Arbeit besteht in den Neuronen (Nervenzellen) eine Erschöpfung an Dopamin und Noradrenalin. Durch Kaffeegenuß können dann keine aktivierenden Transmitterfunktionen stimuliert werden. Das Resultat ist eine dysphorische Verstimmung mit Schlaflosigkeit.

Der *Alkohol* ist ein unspezifischer Freisetzer von Neurotransmittern und auch von 5-HT, daher kann es zu einem roten Kopf (Flush) und zu einem Schweißausbruch kommen. Die 5-HT-Freisetzung führt zu Müdigkeit, Inaktivität, Schlaf. Gegen mäßigen Alkoholgenuß ist nichts einzuwenden. Tagsüber, besonders morgens, ist Alkohol allerdings leistungsfeindlich und sollte besonders bei Berufen, die eine permanente Aufmerksamkeit erfordern, vermieden werden (Autofahren, Schifahren, Steuerung von maschinellen Produktionen ...).

7. Depressionen

Zu den endogen ausgelösten Ursachen gehören vor allem die Depressionen und selten Geisteskrankheiten aus dem schizophrenen Formenkreis. Da beim Depressionssyndrom u. a. ein Defizit an 5-HT im Hirnstammbereich besteht, sind die Symptome der Schlaflosigkeit, der Appetitlosigkeit, Gewichtsabnahme erklärlich. Die Ursache der depressiven Verstimmung entsteht unter anderem durch einen Balanceverlust der Neurotransmitter NA, 5-HT und DA. Durch ein reduziertes Niveau an 5-HT in der retikulären Formation besteht ein Übergewicht an NA. Als Resultat tritt vorzeitiges Erwachen auf, das von quälenden Zwangsgedanken begleitet wird. Liegt die 5-HT-Aktivität über derjenigen von NA und DA, dann bestehen Antriebsmangel, Konzentrationsstörungen, Lust- und Freudlosigkeit und eine starke Reduktion der allgemeinen Leistungsfähigkeit. Schlaf und Appetit hingegen sind ungestört.

Die quälende Angst mancher depressiver Patienten könnte auf einer gesteigerten Freisetzung von NA beruhen. NA-potenzierende Antidepressiva (Dixeran, Noveril, Jatrosom) können zu einer Verstärkung der Angst und einer Verstärkung der Schlaflosigkeit führen. Bei solchen Patienten (agitierte Depression) sind 5-HT-stimulierende Antidepressiva (Limbitrol, Tryptizol, Saroten) indiziert.

8. Manische Phasen

Die höchsten Grade der Schlaflosigkeit kommen in einer manischen Periode vor. Manische Patienten geistern nächtelang herum, machen zahllose Pläne, beginnen viele Arbeitsgänge, von denen keiner vollendet wird. Diese Schlaflosigkeit kann bis zur völligen Erschöpfung führen. Hier genügen einfache Tranquilizer oder sedierende Antidepressiva nicht. Wir müssen auf jeden Fall Neuroleptika verabreichen. Solche Substanzen reichen vom Truxal, Nozinan bis zum Haldol. Haldol ist das am stärksten wirkende Neuroleptikum und kann bei manischen Schlafstörungen in Injektionsform verwendet werden.

Es ist aber auch das wirksamste Mittel bei psychotischen Erregungsphasen aus dem schizophrenen Formenkreis wie bei deliranten Erregungsphasen von Alkoholikern oder nach Schädeltraumen. Je nach dem Schweregrad der manischen Erregung kann man Nozinan (25 bis 100 mg), Truxal (50 mg), Buronil (25 bis 50 mg), Fluanxol (2 bis 4 mg), Cisordinol (10 bis 25 mg), Dapotum (5 mg) und Haldol (1 bis 2 mg) verabreichen. Bei manischen Kranken wird man alsbald zur Lithium-Medikation übergehen (Quilonorm retard, 2 bis 4 Tabletten täglich).

Neuroleptika sind natürlich nicht frei von Nebenwirkungen. So kann man schon nach wenigen Tagen extrapyramidale Überschußbewegungen beobachten (Hyperkinesien, tonische Krämpfe). Eine Ampulle Akineton i. v. oder i. m. wirkt sehr schnell. Auch der Kreislauf wird durch Neuroleptika gestört. So sind besonders orthostatische Hypotonien sehr häufig vorhanden. Bei leichteren Formen von deliranter Verwirrtheit mit Schlaflosigkeit verwendet man heute Infusionen von L-Tryptophan (1000 bis 3000 mg täglich) oder 5-Hydroxytryptophan-Infusionen (50 mg i. v., nicht im Handel). Auch Infusionen von Pertranquil wirken sedierend und stehen in der Wirkung zwischen Tryptophan und neuroleptischen Injektionen.

9. Zerebrale Mangeldurchblutung

Eine besondere Form der Schlafstörung entsteht bei alten Menschen, die unter dem Syndrom einer zerebralen Mangeldurchblutung leiden. Eine latent dekompensierte Hirndurchblutung führt — besonders während der Nacht — zu einer zerebralen Ischämie, die mit Schlaflosigkeit, Verwirrtheit, bisweilen auch mit agitierten Aggressionen einhergeht. Da bei diesen Kranken die Schlafstörung nicht durch ein Plus an Transmitterfreisetzung entsteht, sondern durch eine insuffiziente zerebrale Nutrition, sind dämpfende Medikamente nicht angezeigt. Die unzureichende Sauerstoffzufuhr führt zur Mangelernährung — daher ist eine primäre Kreislaufanregung erforderlich, z. B. Digitalis, abends verabreicht.

Strophantin (1/4 mg i. v.) gehört — bei älteren Menschen abends verabreicht — zu den schlaffördernden Drogen. In der gleichen Richtung wirken Dihydergot (1,0), Effortil compositum. Zusätzlich können bei solchen alten Menschen verschiedene Tranquilizer gegeben werden. Tranquilizer sind bei leichten Fällen von Schlafstörung die wirksamsten und unschädlichsten Medikamente. Sie führen allerdings zur Gewöhnung — aber nicht zur Sucht, wie gelegentlich behauptet wird.

Die meisten Tranquilizer leiten sich vom Diazepam ab. Valium, Temesta, Frisium, Anxiolit, Praxiten, Merlit, Noctamid usw. haben einen schlafanstoßenden Effekt.

Unabhängig von der Genese der Schlafstörung können sie bei alten Menschen mit zufriedenstellender Wirkung verordnet werden. In geringerer Dosierung werden sie auch als Tages-Sedativum verwendet, was an sich nicht zu empfehlen ist. Bei Unruhe und Erregungszuständen tagsüber ist oft eine larvierte Depression die Ursache. Dann wird ein sedierendes Antidepressivum gezielter wirken.

Tranquilizer sind nicht nur die unschädlichsten, sondern auch die gefahrlosesten Medikamente. Ein Suizid mit solchen Medikamenten ist kaum möglich.

Es gibt eine Gruppe von Tranquilizern, die bevorzugt schlaffördernde Effekte aufweisen. Es sind dies in der Reihenfolge ihrer Schlafwirksamkeit Rohypnol (2 mg), Mogadon (5 mg) und Dalmadorm (30 mg). Alte Menschen mit Schlafstörungen können Rohypnol jahrelang nehmen. Bei nachlassender Wirkung ist es besser, auf Mogadon bzw. Dalmadorm umzusteigen. Eine Dosissteigerung des ursprünglichen Medikamentes ist weniger empfehlenswert.

Bei einem „Hang over" (Müdigkeit, Schwindel, gedämpfte Bewußtseinslage) am nächsten Tag muß die Dosis unbedingt reduziert werden.

Pathogene Schlafphasen

Viel seltener als Störungen, die zu einem verkürzten bzw. verminderten Schlaf führen, sind Störungen, die ein Zuviel an Schlaf bewirken. Wie erwähnt, wurden solche Schlafphasen bei postenzephalitischen Parkinson-Kranken beobachtet. Auch im eigenen Krankengut konnte ich (W.B.) bei vielen Patienten periodische Schlafphasen sehen. Beim sogenannten Pickwick-Syndrom (Kinder) besteht neben einer beträchtlichen Fettsucht eine Schlafsucht. Therapeutisch hat man folgerichtig Weckamine versucht, allerdings mit ungenügendem Erfolg. Amphetamin setzt unter anderem NA aus den Neuronen frei und blockiert die Wiederaufnahme aus dem synaptischen Spalt. Dadurch wird die Balance zwischen NA und 5-HT aber nicht wiederhergestellt. Besser wirken aktivierende Antidepressiva.

Klimatische Bedingungen

Klimatische Bedingungen können einen Schlaf verhindern und fördern. Regen, kühle, ruhige Wetterlage, im allgemeinen Tiefdruck-Situationen, begünstigen den Schlafeintritt und die Schlafdauer. Trockene Hitze, Hochdruck, Wind wirken schlafbehindernd.

Die klimatischen Voraussetzungen bestimmter Erholungsgebiete, die schlaffördernd wirken, sind bezüglich ihrer

Wirkung auf Neurotransmitter noch nicht ausreichend erforscht.

Der Schlaf als archetypische Funktion ist entwicklungsgeschichtlich eine uralte Instinkthandlung. Schon bei primitiven Lebewesen gibt es energieaufladende Phasen. Beim höchsten und kompliziertesten Lebewesen, dem Menschen, sind Störungen durch vielfältig sich überlappende Feedbackregulationen wesentlich häufiger als bei Lebewesen, die relativ ungestört nach ihrem zirkadianen Tag-Nacht-Rhythmus leben.

An sich sind archetypische Funktionen − infolge ihrer alten evolutionären Engrammfixierung im Hirnstamm − schwerer in eine Dekompensation zu führen. Wenn aber eine Entgleisung aufscheint, ist sie wesentlich schwerer zu rekompensieren.

Parkinson-Krankheit

Die Parkinson-Krankheit wird als Parademodell einer durch pathologische Neurotransmitterreduktion ausgelösten Krankheit beschrieben. Sowohl die biochemischen Analysen im Hirnstammbereich als auch die daraus abgeleiteten therapeutischen Maßnahmen haben bemerkenswerte Fortschritte gebracht.

Ausgehend von den Entdeckungen Brodies hatte A. Carlsson gezeigt, daß durch Reserpinmedikation im Tierversuch eine Entleerung der Dopaminspeicher in den Basalganglien zustande kommt. Das hatte eine Veränderung im psychomotorischen Verhalten der Tiere zur Folge. Durch die Substitution von L-Dopa, dem Präkursor von DA, konnten die Speicher wieder gefüllt werden, wodurch auch die psychomotorischen Ausfälle der Tiere verschwanden. Mit diesem experi-

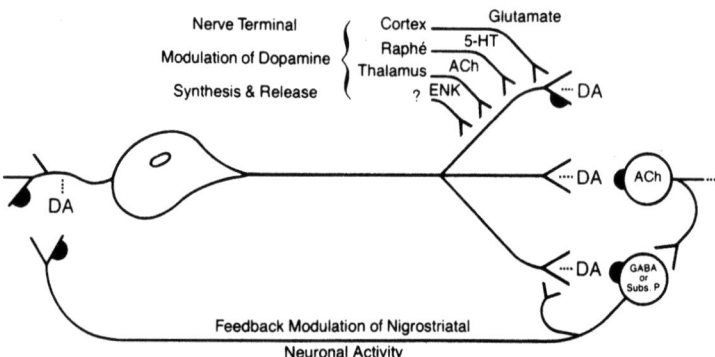

Abb. 10. Eine vereinfachte Darstellung des nigro-striären Systems. Die präsynaptische dopaminerge Funktion kann durch verschiedene Mechanismen moduliert werden. [Aus: Bhatnagar RK, *et al.* (1982). In: Dopamine receptors and their behavioral correlates. Pharmacol Biochem Behav 17, Suppl. 1: 11–19]

mentellen Grundversuch war der Start für die Parkinson-Forschung gegeben. Vom klinischen Gesichtspunkt wurde dieses DA-Defizit-Modell in dem Sinn ergänzt, daß für verschiedene, nicht motorische Ausfälle, wie Speichelfluß, Seborrhoe, Depressionen, Magersucht, andere Neurotransmitter-Anomalien angenommen wurden. So zeigen sich neben dem DA-Defizit in der Substantia nigra, N. caudatus, Putamen, Globus pallidus auch verringerte NA-Konzentrationen in den Basalganglien. Ebenso wurden reduzierte Konzentrationen im Hypothalamus, Nucleus ruber und vor allem im Locus caeruleus festgestellt. Die serotonergen Bahnen sind ähnlich denjenigen des NA verteilt. Ein Defizit besteht gleichfalls, jedoch in verschiedenem Ausmaß.

GABA ist im Gehirn ein hemmender Neurotransmitter. Die Neuronen sind im Striatum und projizieren zur Substantia nigra. Dort hat GABA eine hemmende Aktivität auf die DA-Freisetzung in das Striatum. Substanz P ist einerseits in den basalen Wurzeln des Rückenmarks vermehrt nachweisbar und repräsentiert dort die zentral schmerzleitenden Bahnen, andererseits ist sie im Hirnstamm, besonders in der Substantia nigra, vermehrt vorhanden und stellt dort einen exzitatorischen Transmitter für DA dar.

Neuropeptide sind im ZNS vorhanden, ihre Funktionen sind derzeit noch nicht völlig klargestellt. Im Tierexperiment führt Endorphin zu einer rigorartigen Starre, die durch Naloxon und Apomorphin aufgehoben wird. 5-HT verstärkt die Endorphin-Akinesie. Endorphin erhöht gleichzeitig den 5-HT-Spiegel in der Raphe.

Das dynamische Gleichgewicht der Neurotransmitter und Neuropeptide wird durch verschiedene Feedbackregulationen aufrechterhalten. Neuropeptide werden als Ko-Modulatoren der Neurotransmitter beschrieben. Die Aktivität der Tyrosinhydroxylase wird durch Autorezeptorenstimulierung gehemmt. Die nigro-striäre DA-Aktivität wird durch cholinerge, GABA-erge, peptiderge und andere Neuronen beeinflußt. Zwei Drittel Verlust an DA in der Substantia nigra führt

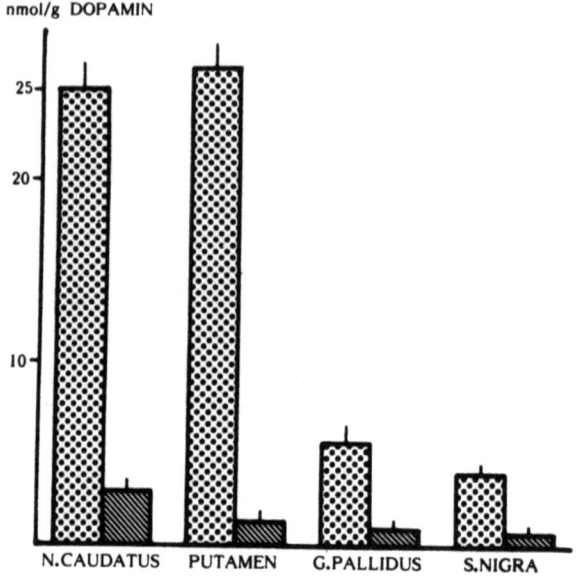
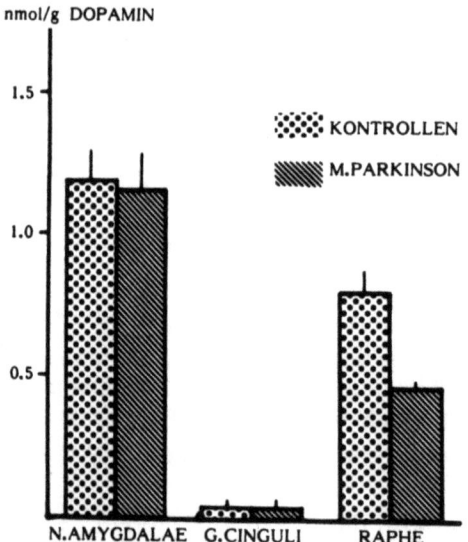

Abb. 11. Dopamin-Defizit bei der Parkinson-Krankheit in verschiedenen Arealen des Gehirns. [Aus: Birkmayer W, *et al.* (1977). In: Psychobiology of the striatum. Elsevier North-Holland

zur Parkinson-Krankheit. Zwei Drittel Zellverlust cholinerger Neuronen im Nucleus basalis Meynert trägt zur Demenz bei, d. h., daß ein Defizit von etwa zwei Drittel der Neuronen durch eine gesteigerte Aktivität der verbliebenen Zellen gerade noch kompensiert werden kann. Die Akinesie der Parkinson-Krankheit ist sicher durch den DA-Mangel in der Substantia nigra und im Striatum ausgelöst. Aber auch beim gesunden Menschen ist eine Abnahme von DA um ca. 10 bis 13 Prozent pro Dezennium feststellbar. Das erklärt die Veränderung der Motorik an sich gesunder, alter Menschen. Bei der Parkinson-Krankheit nimmt das DA-Defizit im Verlauf der Krankheit weiter zu. L-Dopa kann die Progression der Krankheit nicht aufhalten. Die zunächst meist ausgezeichnete klinische Wirksamkeit von L-Dopa (Madopar, Sinemet) läßt mit fortschreitender Krankheit nach. Mit zunehmender Krankheitsdauer treten Off-Phasen (Phasen von völliger Bewegungsblockierung) immer häufiger auf und dauern vor allem länger. Schließlich gehen diese passageren Bewegungsblockaden in akinetische Krisen über, die tage- bis wochenlang andauern. Bei Patienten, die in solchen akinetischen Krisen verstorben waren, konnte nur ein Minimum an DA nachgewiesen werden. Parallel mit diesen verringerten DA-Konzentrationen geht auch eine Abnahme der Tyrosinhydroxylase-(TH)-Aktivität einher. DA-Defizit besteht auch im limbischen System, wofür psychopathologische Dekompensationen, die im Verlauf einer Parkinson-Krankheit auftreten können, verantwortlich gemacht werden. Während die Aktivität der Tyrosinhydroxylase im ZNS unabhängig von der therapeutischen Medikation abnimmt, sind die Werte der MAO (Monoaminoxidase) bei der Parkinson-Krankheit kaum verändert. Die Aktivität dieses DA-abbauenden Enzyms ist in den Nachmittagsstunden zwischen 12 und 18 Uhr am größten. Das könnte zum Auftreten von Bewegungsblockaden (Off-Phasen) in diesem Zeitraum beitragen. Die therapeutischen Erfolge von Deprenyl (Jumex), einem spezifischen Hemmstoff der MAO-B, unterstreichen unsere Auffassung, daß die Off-Blockade auf einer Nichtverfügbarkeit des intraneuronalen DA basiert. Die Steuerung, Speicherung und Freisetzung von DA wird durch Rückkopplungsmechanismen von präsynaptischen Autorezeptoren und postsynaptischen Rezeptoren reguliert. Die Autorezeptoren hemmen die Aktivität der TH. Eine Stimulierung postsynaptischer Rezeptoren durch dopaminerge Agonisten reduziert den präsynaptischen Impulsfluß. Aktivierung präsynaptischer Rezeptoren und Blockierung postsynaptischer Rezeptoren rufen ähnliche Verhaltensveränderungen hervor. Weit fortgeschrittene präsynaptische Degeneration kann Überempfindlichkeit postsynaptischer Rezeptoren induzieren. Durch das Zugrundegehen der DA-Neuronen in der Substantia nigra wird durch präsynaptische Aktivierung die DA-Abnahme lange Zeit kompensiert. Erst bei ca. 10 Prozent überlebender Neuronen nimmt die therapeutische Wirkung ab, und eine Zunahme der Nebenwirkungen und tägliche Fluktuation entstehen. Supersensitivität der Rezeptoren kann den Verlust der Neuronen theoretisch kompensieren, praktisch jedoch führt eine höhere Dosierung zu Subsensitivität. Eine möglichst niedrige Dosierung von Antiparkinson-Medikamenten ist daher für einen optimalen therapeutischen Effekt notwendig. Bei fortschreitender Krankheitsdauer sieht man häufig, daß bei Reduktion der Medikamente bessere Erfolge erzielt werden als bei einer Erhöhung der Dosis. Bei der Parkinson-Krankheit besteht auch ein Defizit an NA. Auch der Hauptmetabolit 3-Methoxy-4-hydroxyphenylglykol (MHPG) ist in den Basalganglien und im limbischen System erniedrigt. Degeneration im Locus caeruleus führt zum Verlust der NA-Versorgung verschiedener Hirnareale. Eine dorsale noradrenerge Bahn stimuliert das nigro-striäre System. Eine ventrale Bahn zieht zum Hypothalamus. DA-Agonisten sind meist adrenerge Antagonisten und führen besonders häufig zum RR-Abfall.

5-HT beim Parkinson-Kranken ist in vielen Hirnarealen um 40 bis 50 Prozent vermindert. Diese Reduktion nimmt im

Lauf der Krankheit kaum zu. Serotonerge Neuronen der Raphe-Kerne innervieren unter anderem das Striatum und hemmen dort den dopaminergen Tonus. L-Tryptophan oder 5-HTP verstärken daher oft die Akinesie, während Tryptophan-Zusatz zur bestehenden L-Dopa-Behandlung zu verbesserter Stimmungslage führt.

Neuropeptide

Zwischen Metenkephalin und der dopaminergen Degeneration besteht im Nucleus caudatus, Putamen, Nucleus accumbens, Nucleus amygdalae und Hippocampus kein Zusammenhang. In der Substantia nigra jedoch korreliert der DA-Verlust mit der Konzentration an Metenkephalin.

GABA

GABA und Glutamat-Dekarboxylase (GAD) sind in der Substantia nigra und in den Basalganglien häufig verändert.

Acetylcholin

Acetylcholin ist im Globus pallidus, Putamen und frontalem Kortex vermindert. (Möglicherweise trägt eine anticholinerge Therapie dazu bei.)

Chorea Huntington

Dabei kommt es im Striatum in den kleinen Interneuronen zur Atrophie. Das nigro-striäre DA-System ist nicht betroffen.
 Zwei Phänomene müssen hier festgehalten werden (Tab. 1):
 1. Bei der Parkinson-Krankheit sind nicht ausschließlich Synthese und Metabolismus eines Neurotransmitters, wahrscheinlich Dopamin, pathologisch verändert, sondern es sind viele andere Neurotransmitter und Neuropeptide mitbetroffen. Für die meisten Symptome der Erkrankung ist nicht die

Tabelle 1. *Synopsis der wichtigsten biochemischen Befunde bei M. Parkinson*

	Veränderungen bei M. Parkinson (fortgeschrittenes Stadium) gegenüber normalem Altern
Dopamin	↓↓↓
Homovanillinsäure	↓↓
Tyrosinhydroxylase	↓↓↓
Biopterin	↓↓
Dopa-Dekarboxylase	↓ (↓) =
Monoaminoxidase	=
Katechol-O-Methyltransferase	=
cAMP-abhängige Proteinkinase	=
D 1-Rezeptoren	↓ ↑ =
D 2-Rezeptoren	↓ ↑ =
Noradrenalin	↓ (↑)
Dopamin-β-Hydroxylase	↓ (↓)
Phenylethanolamin-N-Methyl-Transferase	↓
Serotonin	↓ (↓)
5-Hydroxytryptophandekarboxylase	↓ =
5-Hydroxyindolessigsäure	↓ (↓)
Serotonin-Rezeptoren (S1)	↓ =
γ-Aminobuttersäure (GABA)	↓ (↓)
Glutamat-Dekarboxylase	↓ (↓)
GABA-Rezeptoren	↓ (↓)
Substanz P	↓ (↓)
Leu-Enkephalin-Bindung	↓ = ↑

↓↓↓ stark erniedrigt; ↓↓ mäßig; ↓ gering; = nicht verändert; ↑ erhöht.

Aus: Birkmayer W, Riederer P (1980) Die Parkinson-Krankheit, 1. Aufl. Springer, Wien New York spezifische Verschiebung einer Konzentration, Aktivität usw. symptomauslösend, sondern die Verschiebung der normalen Korrelation der Gesamtaktivität einzelner Neurotransmitter zueinander. Aus dieser Erkenntnis entstand die von uns postulierte „Balance der Neurotransmitter als Voraussetzung unseres Normalverhaltens".

2. So bestechend der Gedanke wäre, daß jeder Neurotransmitter im gesamten Organismus analoge Funktionen auslöst, so unzutreffend ist diese Annahme.

Z. B. ist DA fraglos *der* Neurotransmitter für die extrapyramidale Motorik, in den verschiedenen Kernen des Hypothalamus aber ist DA an der Regulierung der Sexualität, des Hunger-Sättigungs-Gefühles usw. beteiligt.

5-HT ist als Auslöser des Schlafes anzusprechen, es reguliert aber auch die Thermoregulation. Substanz P und Enkephalin sind im Rückenmark Neurotransmitter für die aufsteigenden Schmerzbahnen. In der Substantia nigra wirkt Substanz P DA-agonistisch, d. h. somit, daß die Wirkung der Neurotransmitter je nach dem Ort ihrer Wirkung variiert. Diese polyvalente Wirkung des einzelnen Neurotransmitters ist auch die Ursache der vielfältigen Symptomatik der Parkinson-Kranken.

Prinzipiell können wir unterscheiden zwischen „Plus- und Minussymptomen". Tremor und Rigor sind klassische Plussymptome, wogegen die Akinesie das klassische Minussymptom darstellt. Sie ist das einzige Symptom, das durch die Substitution von Dopa (Präkursor des DA) gebessert bzw. am Beginn der Krankheit fallweise völlig zum Verschwinden gebracht wird. Tremor und Rigor hingegen sind durch die Dopa-Therapie kaum beeinflußt. Der Tremor wird — wenn überhaupt — durch anticholinerge bzw. antiserotonerge Medikamente gebessert. Was den Schluß nahelegt, daß er durch einen (relativen) Überschuß an cholinerger bzw. serotonerger Aktivität ausgelöst wird. Gleichfalls ein Beispiel, daß der Verlust der biochemischen Balance symptomauslösend wirkt. Das Aufschaukeln des Ruhetremors durch affektiv-emotionale Streßsituationen zeigt die permanente Verschränkung zwischen dopaminerger und noradrenerger Aktivität. Ein anderes Beispiel betrifft den in seiner Bewegung stark beeinträchtigten Parkinson-Kranken, der eine stark befahrene Straße überqueren will. Angst ist in der Lage, bewegungsfördernd zu wirken, bis die Gefahr des Überfahrenwerdens gebannt ist. Diese Steigerung der Motorik durch psychische Stimulierung ist gleichsam ein Äquivalent zum Bewegungssturm der Protozoen nach chemischer Stimulierung. Das Gegenteil dieser durch Gefahr ausgelösten Extremmotorik ist der Totstellreflex (im englischen „Play possum", da das Opossum diesen Reflex am vollendetsten beherrscht). In der Parkinson-Symptomatik können wir diesen Totstellreflex beim sogenannten „Freezing-Phänomen" beobachten. Der Kranke ist durch einen Angstaffekt nicht in der Lage, die Beine vom Boden zu heben und die Gehbewegung zu starten. Dieses „Freezing" setzt sowohl in einer engen Wohnung, wo die Gefahr des Anstoßens und Hinfallens besteht, als auch beim Überqueren einer Straße ein. Die Angst als emotionale Stimulierung des NA ist somit sowohl imstande, einen dopaminergen Bewegungssturm als auch eine dopaminerge Bewegungsblockade (Totstellreflex) auszulösen. Während im Tiefschlaf (5-HT-Schlaf) der Tremor sistiert, tritt er während der REM-Phase (NA-Phase) wieder zutage.

Beim Rigor besteht klinisch eine gleichzeitige tonische Innervierung von Agonisten und Antagonisten. Die Gammaschleife repräsentiert das periphere Tonusregulierungssystem. Vom Vorderhorn des Rückenmarks gehen neben den großen und kleinen Alphazellen, die verantwortlich sind für die dynamische Innervation der Extremitäten (große Alphazellen) und für die tonische Innervation der Rumpfmuskeln (kleine Alphazellen), auch von Gammazellen Impulse aus, die zum sensiblen Spindelorgan führen. Gamma-1-Fasern stimulieren Kern-Sack-Fasern, deren Erregung über 1-A-Fasern des Rückenmarks zu den kleinen Alphazellen des

Vorderhorns ziehen und den dynamischen Tonus intendieren. Gamma-2-Fasern, die Kern-Ketten-Fasern erregen, stimulieren über afferente II-Bahnen den statischen Tonus. Dieser garantiert alle gegen die Schwerkraft gerichteten Innervationen, wogegen der dynamische Tonus die jeweiligen Tonusinnervationen den verschiedenen Körperhaltungen anpaßt. Beide Informationsphänomene sind beim Parkinson unzureichend. Der statische Tonus ist reduziert, daher besteht beim Patienten ein Trend zur Beugehaltung. Es ist

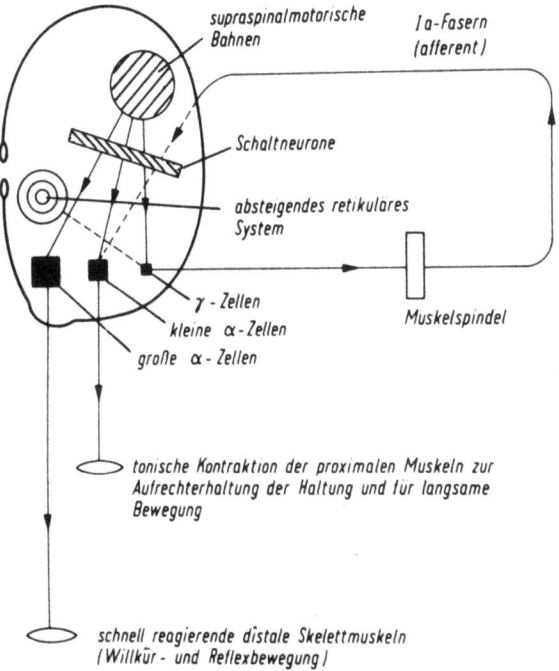

Abb. 12. Schema der Gamma-Schleife. Die supraspinalen motorischen Bahnen haben einen hemmenden Einfluß auf die Gammazellen, das retikuläre System einen aktivierenden Einfluß auf die Gammazellen. Durch eine Läsion der Pyramidenbahn kommt es daher zu einer Aktivitätssteigerung der Gamma-Schleife (Gammaspastik). Durch einen Ausfall der retikulären Stimulierung kommt es zu einer α-Aktivierung

ihm unmöglich, längere Zeit voll aufrecht zu stehen. Der dynamische Tonus zeigt gleichfalls Dekompensationszeichen. Wenn man einem Parkinson-Kranken einen Stoß vor die Brust versetzt, so fällt er meist nach rückwärts um. Er kann die erzwungene Veränderung seiner Haltung mit seinem dynamischen Tonus nicht ausgleichen. Da der Rigor durch anticholinerge Medikamente hinreichend kompensiert und durch Physostigmin verschlechtert werden kann, ist anzunehmen, daß er durch einen Balanceverlust zwischen DA und ACh zugunsten des letzteren ausgelöst wird.

Die Akinesie entsteht durch eine Unfähigkeit, eine potentielle Bewegungsenergie in eine kinetische umzusetzen. Während eine Lähmung durch eine Strukturläsion entsteht, die im ZNS meist irreparabel ist, besteht bei der Akinesie eine Bewegungsunfähigkeit, die durch eine Dopa-Zufuhr zumindest am Beginn der Krankheit völlig behoben werden kann. Das Striatum ist mit einer entleerten Batterie zu vergleichen, die durch Aufladung wieder imstande ist, Strom abzugeben. Charakteristisch für die gestörte Motorik des Parkinson-Kranken ist, daß er plötzlich und maximal intensive Bewegungsentladungen nicht intendieren kann. Ferner ist er nicht imstande, eine ablaufende Bewegung gleitend zu bremsen. Er hat auch Schwierigkeiten, Bewegungen, die gegen die Schwerkraft gerichtet sind, zu intendieren. Das „kritische Detail" der akinetischen Bewegungsstörung liegt in der Intention der ersten Innervation. Das Umdrehen im Bett, das Aufstehen vom Sessel, das Starten des ersten Schrittes, das Zusammenspiel zwischen Emotion und Motorik sind beim Parkinson besonders gestört. Beim gesunden Menschen sind die Qualität und Quantität der Bewegung durch emotionale Elemente gefördert oder gehemmt. In der Situation der Angst (NA-Ausstoß) läuft man schneller. Bei plötzlicher extremer Angst kann man aber auch erstarren. Der Parkinson-Kranke zeigt beide Verhaltensmöglichkeiten extrem gesteigert. Angst blockiert seine Motorik, es gibt aber auch das Phänomen der paradoxen Kinesie: Der Patient ist unter der Stimulierung von Angst imstande, eine größere Wegstrecke zu laufen, obwohl er normal nicht einmal imstande ist, von einem Sessel aufzustehen. Das heißt, daß bei ihm ein NA-Ausstoß eine DA-Freisetzung intendieren kann, allerdings nur für kurze Zeit, solange seine verfügbare DA-Menge ausreicht.

Der noradrenerge Ausstoß gelangt auf zwei Bahnen zur Substantia nigra. Ein dorsales Bündel wirkt fördernd, ein ventrales Bündel wirkt hemmend auf das DA-System. Ein durch Streß ausgelöster NA-Ausstoß vom Locus caeruleus kann entweder eine Dynamisierung (Fight and flight) oder zu einer Hemmung bis zum Totstellreflex führen.

Der Verlust der schwunghaften Bewegung führt beim Parkinson-Kranken zum kleinschrittigen, risikolosen Gang. So schwierig der Start zum Gehen, so schwierig ist auch das Bremsen. Die Propulsion, d. h. das Immer-Schneller-Werden der Schrittfolge, führt schließlich zum Sturz nach vorne, wenn nicht irgendein Möbelstück in der Nähe steht, wo sich der Patient anhalten kann. Das Gehen mit einem oder zwei Stöcken entspricht einem Vierfüßer-Gang und bringt dem Patienten mehr Sicherheit. Diese Gangform wird von den Patienten aber ungern akzeptiert, weil sie ihre Krüppelhaftigkeit nicht gerne so deutlich demonstrieren. Auch beim Sprechen besteht die gleiche Schwierigkeit. Der Start, das erste Wort zu artikulieren, ist gehemmt, und wie beim Gehen ist das Abstoppen schwierig. Die Sprache galoppiert immer rascher

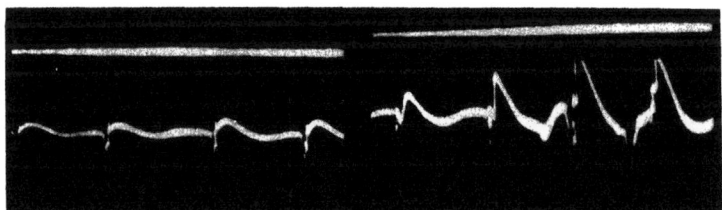

Abb. 13. T-Reflex bei einem Parkinson-Patienten: links ohne Therapie, rechts 30 Minuten nach 50 mg L-Dopa i. v. (Von Danielczyk W, Neurologische Abteilung, Pflegeheim Wien-Lainz)

und unverständlicher fort. Das gleitende Intendieren und das gleitende Bremsen sind bei allen Bewegungen unzulänglich. Das gleiche Phänomen sieht man auch beim Schreiben. Das Maskengesicht ist eine Akinesie der Mimik. In der Ruhe starren die Patienten oft völlig unbeteiligt vor sich hin. Werden sie aber angesprochen, dann huscht eine physiognomische Aktion über ihre Züge, d. h., ein emotionaler Anstoß (NA) führt über eine „Arousal reaction" zu einer dopaminergen Response, eben zum Lächeln oder zur mimischen Zuwendung. Die Haltung des Kranken ist meist gebeugt. Die Angehörigen ermuntern permanent: „So steh doch gerade, ..."; der Patient intendiert kurzfristig seine Rückenstrecker, er kann aber die Aufrechterhaltung nicht lange einnehmen. Dieser Defekt ist auf die Hypoaktivität der Gammaschleife zurückzuführen. Die reduzierte Gamma-Aktivität erschwert den aufrechten Gang und die dazugehörigen Bewegungen wie Gehen oder Laufen. Im Sitzen ist jedoch die Aktivität der Hände und Beine oft ungestört, so daß der Patient viel länger imstande ist, Auto zu fahren als zu gehen.

Ein besonders charakteristisches Phänomen des Parkinson-Kranken besteht in seiner Wetterfühligkeit. Die Adaptation des Organismus an klimatische Wetterveränderungen erfolgt durch die Aktivität der Neurotransmitter. Ein warmes Hochdruckwetter führt zu einem NA-Ausstoß, ein kaltes Regenwetter bewirkt eine 5-HT-Stimulierung. Im Alter an sich besteht eine zunehmende Adaptationsschwäche, die auf ein Defizit der Neurotransmitter zu beziehen ist. Beim Parkinson-Kranken ist besonders die Anpassung an heißes Wetter erschwert. Die Patienten fühlen sich im kühlen Milieu wesentlich wohler. Auch der zirkadiane Rhythmus spiegelt sich beim Parkinson-Patienten. Die meisten Patienten sind morgens aktiver und werden nachmittags schwerfälliger und langsamer. Im Rahmen von depressiven Phasen jedoch besteht eine morgendliche Inaktivität, die sich erst am späten Nachmittag verbessert. So naheliegend es war, Fluktuationen, die im extremen Ausmaß eine völlige Off-Blockade auslösen, auf eine verschiedene Höhe des Dopa-Spiegels im Plasma zu beziehen, so irrig erwies sich diese Vorstellung. Die Kinetik des Patienten ist nicht abhängig vom Plasma-Spiegel, sondern von der Verfügbarkeit des DA im Neuron. Eine Off-Phase ist Ausdruck einer gestörten DA-Verwertung, und die zweckmäßigste Reaktion des Patienten und des Arztes ist es zu warten, bis diese dopaminerge Blockade in eine Aktivitätsphase umschlägt.

Vegetative Entgleisungen

Neben den motorischen Entgleisungen treten auch im vegetativen Sektor Plus- und Minussymptome auf. Am häufigsten kommen Speichelfluß, Seborrhoe, Schweißausbrüche, Flush, Hyperthermien und Beinödeme vor. Während der Speichelfluß durch Anticholinergika gebessert wird, lassen sich Flush-Symptome, Ödeme und Hyperthermieentgleisungen durch L-Tryptophan rekompensieren.

Ein anderes Symptom aus dem vegetativen Bereich ist die Magersucht des Parkinson-Kranken, die der Anorexia nervosa von Kindern gleicht. Überaktivität dopaminerger Systeme in den das Eßverhalten steuernden Zentren des Hypothalamus wird dafür verantwortlich gemacht. Eine dadurch veränderte Aktivität serotonerger Systeme, welche ebenfalls Hunger und Sättigung mitregulieren, ist dadurch gegeben. Die Magersucht der Parkinson-Patienten könnte ebenfalls mit einem derartigen Pathomechanismus biogener Amine verknüpft sein. Regional unterschiedliche und in verschiedenen kybernetischen Systemen vorkommende relative Steigerung katecholaminerger Aktivität kann bei Hypoaktivität serotonerger Neuronensysteme Schlaflosigkeit, Obstipation und auch Magersucht hervorrufen. Der Appetit ist aber bei den Parkinson-Kranken meist nicht vermindert, im Gegenteil, sie essen permanent und zeitweise in Massen. Diese klinischen Beobachtungen deuten auf Fluktuationen im Eßverhalten hin, welche auf die mit fortschreitender

Degeneration zunehmende regionale Inbalance der Neurotransmitter zurückzuführen ist.

Darüber hinaus klagen die Patienten häufig über brennende Füße, Kribbeln, Parästhesien, ruhelose Beine, Hitzegefühl und Oppression auf der Brust. Solche vegetativen Entgleisungssymptome mit begleitender affektiver Mißempfindung sieht man häufig bei larvierten Depressionen. Sie treten aber auch bei der Parkinson-Krankheit auf und zeigen den Verlust regionaler biochemischer Balance im zentralen Nervensystem an. Da der Verlust der biochemischen Balance im ZNS bei geringeren peripheren Störungen progredient zunimmt, ergibt sich dadurch ein weiterer klinischer Hinweis auf Beeinflussung peripherer Organfunktion durch zentrale Steuerungsmechanismen.

Diese vegetativ-affektiven Dekompensationen leiten zu den depressiven Phasen über, die im Rahmen der Parkinson-Krankheit häufig auftreten. Bei 11 Prozent der Patienten treten depressive Phasen schon einige Jahre vor Auftreten der Parkinson-Symptome in Erscheinung. Die biochemischen Analysen verstorbener depressiver Kranker zeigten ähnliche Defizite an biogenen Aminen wie die der Parkinson-Kranken. Allerdings vorwiegend in den limbischen Arealen, aber auch im Nucleus ruber, was zur defekten Haltung des Depressiven wie des Parkinson-Kranken beitragen könnte. Der Unterschied zwischen den depressiven Phasen des Parkinson-Kranken und der echten endogenen Depression liegt darin, daß die echten endogenen Phasen intensivere affektive Dekompensationen zeigen und länger dauern, während die depressiven Phasen des Parkinson-Kranken schwächer und kürzer sind. Neben den vegetativen und affektiven Dekompensationen kommen beim Parkinson-Kranken auch intellektuelle Defekte zur Beobachtung. Es sind vor allem zwei Formen: 1. die Bradyphrenie, 2. die echte senile Demenz vom Alzheimer-Typ (SDAT).

Die Bradyphrenie präsentiert keine echte intellektuelle Einbuße, sondern sie entspricht gleichsam einer geistigen

Akinesie. Denktempo sowie rasche Entschluß- und Entscheidungsfähigkeit sind gedrosselt. Es besteht aber keine echte Reduktion der intellektuellen Leistung. Diese spezifische Form der Reduktion geistiger Denkinhalte basiert wahrscheinlich ebenfalls auf einem DA-Mangel, der kybernetisch einem anderen System zuzuordnen wäre als die motorische Akinesie. Da zusätzlich ein Defizit an NA-Aktivität in der retikulären Formation und in kortikalen Arealen besteht, schränkt die reduzierte Arousal-Aktivität Denktempo und Denkkapazität ein.

Die Demenz vom Alzheimer-Typ tritt unserer Erfahrung nach heute häufiger auf. Die Kausalität ist noch nicht völlig geklärt. Die Tatsache, daß die Parkinson-Kranken durch die moderne Therapie länger leben und dadurch die Häufigkeit des Auftretens einer senilen Demenz zunimmt, wäre eine mögliche Erklärung. Die Annahme, daß langjährige Medikation von Anticholinergika auslösender Faktor der SDAT seien, wird diskutiert. Die präsenile Alzheimer-Krankheit ist durch einen massiven Gedächtnisverlust besonders ausgeprägt, wobei der Defekt nicht wahrgenommen wird. Dieses besonders einprägsame Symptombild besteht bei senilem, geistigem Abbau nicht. Man könnte sich daher vorstellen, daß die im Rahmen der Parkinson-Krankheit häufiger auftretenden Alzheimer-Formen ein Pendant zur sogenannten Dopa-Psychose wären. Bei der Dopa-Psychose entsteht durch Überstimulierung limbischer DA-Systeme bzw. durch Entleerung von NA und 5-HT aus ihren spezifischen Neuronen ein halluzinatorisches, konfuses Zustandsbild nach Art eines exogenen Reaktionstyps. Anticholinergika hemmen die cholinerge Aktivität nicht nur im Striatum, sondern auch in allen anderen Regionen einschließlich des Kortex. Bei der Parkinson-Krankheit besteht eben nicht nur im Striatum ein biochemischer Defekt, sondern das gesamte Mittelhirn und das limbische System sind betroffen. Die Substantia nigra stellt den biochemischen Verteilerkopf zwischen motorischer, affektiver und intellektueller Funktion dar. Folglich kann man im Verlauf der Parkinson-Krankheit immer wieder Dekompensationen in Form depressiver, pseudoneurotischer und psychopathischer Entgleisungen beobachten.

Sucht in Form von Alkoholismus, Medikamentenmißbrauch, harten Drogen usw. konnten wir nie beobachten. Die multifaktoriellen Entgleisungen im gesamten biologischen Adaptationssystem verursachen nicht nur eine insuffiziente Anpassung an Milieubelastung (z. B. Wetterveränderungen), sondern auch unzureichende Anpassung an das soziale Milieu. Der Parkinson-Kranke ist nicht imstande, einen Streß im stillen Ausgleich per Feedback zu neutralisieren. Im Zusammenleben mit anderen Kranken oder Familienmitgliedern prägen solche unzureichende Anpassungsleistungen derart das Verhalten des Patienten, daß es keine neurologische Krankheit gibt, die schwierigere Pflegeaufgaben erfordert als die Parkinson-Krankheit. Gegen diese Maladaptation gibt es keine gezielte biochemische Therapie, da die spezifische Zielmedikation zu Entgleisungen in anderen biologischen Sektoren führen kann. Antidepressive Medikamente können die Labilität der biochemischen Regulation dämpfen und die Fluktuation verringern. Wesentlich ist bei der Bewältigung dieser Anpassungsleistungen eine Vergrößerung des biologischen Territoriums. Die Vergrößerung der biologischen Distanz zwischen den Patienten verringert die affektiven Reibungsflächen und damit das Auftreten eines sozialen Stresses.

Diese allgemeinen Grundsätze zur Verminderung der zwischenmenschlichen Streßsituationen, die biologische Distanz zu vergrößern, sind nicht nur für Parkinson-Kranke, sondern für die Menschheit schlechthin von allgemeiner Gültigkeit. Da wir für jede neurologische Therapie den Grundsatz postulieren, den Verlust der biochemischen Balance durch spezifische Substitutionsmedikation zu neutralisieren, ist für die gezielte Behandlung der Parkinson-Krankheit eine L-Dopa-Substitution die wichtigste therapeutische Maßnahme. Da jedoch zum Zeitpunkt des Auftretens der ersten Symptome nur mehr 30 Prozent der funktionsfähigen DA-Neuronen vorhanden sind, muß die Dosis des zugeführten L-Dopa in richtiger Relation zur Verarbeitungsmöglichkeit durch die noch vorhandenen DA-Neuronen stehen. Zu niedrige Dosierungen sind unwirksam und zu hohe Dosen führen zu Nebenwirkungen.

Im Striatum besteht ein Gleichgewichtsverlust zwischen cholinerger und dopaminerger Aktivität zuungunsten des DA. Versucht man, die dopaminerge Inaktivität durch L-Dopa zu vermehren, dann kommt es im Idealfall zur Wiederherstellung der biochemischen Balance. Im Fall der Überdosierung treten Hyperkinesien als Überschußbewegungen auf. Die Voraussetzung unseres normalen emotionalen Verhaltens ist gleichfalls durch die biochemische Balance unter anderem zwischen DA, NA, ACh, GABA und 5-HT garantiert. Eine zu hohe L-Dopa-Zufuhr stört die normale kybernetisch determinierte Korrelation diverser Neurotransmitter zueinander, was das Auftreten von Nebeneffekten zur Folge haben kann. Die im Lauf einer L-Dopa-Therapie auftretenden Schlafstörungen, die durch katecholaminerge Überaktivität bzw. Entleerung serotonerger Neuronen durch das zugeführte L-Dopa entstehen, werden daher durch eine Hypofunktion des physiologischen Schlaftransmitters 5-HT ausgelöst, d. h., eine Dopa-Medikation ist nur dann eine therapeutische Maßnahme, wenn die Dosierung optimal erfolgt. Niedrige Dosierung verhindert einerseits das Auftreten lästiger Nebenwirkungen und andererseits zu rasches Fortschreiten des degenerativen Prozesses.

Das Ziel der modernen Parkinson-Therapie ist daher der Zusatz verschiedener Additive, die den Effekt des L-Dopa ohne Dosissteigerung verbessern. Das erste Additiv war der Zusatz von Benserazid. Es ist dies ein Hemmstoff der peripheren Aminosäuredekarboxylase. Diese Dekarboxylase synthetisiert in der Peripherie und im ZNS aus L-Dopa den Neurotransmitter DA. Im ZNS ist diese Synthese erwünscht. In der Peripherie führt ein Übermaß an produziertem DA zu

Nebenwirkungen (Übelkeit, Erbrechen, zirkulatorische Störungen). Benserazid und Carbidopa blockieren die periphere Dekarboxylase. Dadurch gelangt eine ca. sechsfache Menge L-Dopa ins ZNS. Die Dosierung des L-Dopa muß somit wesentlich reduziert werden. Während 100 mg reines L-Dopa, oral verabreicht, kaum motorische Effekte produziert, ist Madopar (z. B. 100 mg L-Dopa plus 25 mg Benserazid) eine verträgliche und wirksame Kombination.

Ein weiteres, wesentliches Additiv stellt Deprenyl dar. Die MAO ist, wie in Kapitel 1 und 2 angeführt, ein Enzym, das die biogenen Neurotransmitter abbaut. Es gibt verschiedene Typen von MAO. Typ A baut NA und 5-HT ab, Typ B DA und PEA.

Deprenyl (Jumex) blockiert die Aktivität von MAO-Typ-B und ist ein wirksames Zusatzmedikament. Durch die Aufstockung der DA-Lager kommt es zu einer signifikanten Verbesserung der Akinesie, zu einer signifikanten Verlängerung der Lebenserwartung, zu einer Verminderung der Nebenwirkungen und zu einer Reduktion der Fluktuationen im motorischen Bereich, d. h., die charakteristischen Schwankungen im Verlauf der Krankheit, die durch zu hohe L-Dopa-Dosierung auftreten, werden wesentlich reduziert.

Weitere Additive − Stimulatoren postsynaptischer, dopaminerger Rezeptoren − sind Bromocriptin (Umprel, Pravidel, Parlodel) bzw. Lisurid (Dopergin). Eine Stimulierung dieser postsynaptischen Rezeptoren ermöglicht eine Verbesserung der Akinesie trotz reduzierter Dopa-Dosis. Diese Additive zeigen selbst in späteren Krankheitsphasen, in denen nur mehr unzureichend DA synthetisiert und verwertet werden kann, positive Erfolge. Aber gerade in späteren Krankheitsphasen ist niedrige Dosierung eine wichtige Voraussetzung des therapeutischen Erfolges. Je weniger Neuronen funktionsfähig sind, um so mehr steigt die Rate der Nebenwirkungen an. Die wesentlichste Nebenwirkung dopaminerger Agonisten − nach unserer Erfahrung − ist eine orthostatische Hypotonie. Die Patienten zeigen beim Aufstehen ein Absinken des systolischen Blutdruckes auf Werte von 70 mm Hg. Das geht meist mit einem Schwindelgefühl, seltener auch mit Kollaps einher.

Ein weiteres Additiv ist das von R. Schwab (USA) 1969 eingeführte Amantadin (Symmetrel, PK Merz, Contenton, Hofcomant). Von den meisten Ärzten wird es in den Anfangsphasen der Krankheit angewendet. Bei leichteren Fällen sieht man klinische Besserungen, die aber nach einigen Monaten wieder zurücktreten. Dieses Medikament löst kaum Nebenwirkungen aus. Der therapeutische Effekt ist bescheiden. Wesemann konnte zeigen, daß unter Amantadin die Membranstrukturen aufgelockert werden. DA kann dadurch einerseits präsynaptisch leichter freigesetzt werden und andererseits die postsynaptische Rezeptorantwort verbessern, was besonders bei akinetischen Krisen von Bedeutung ist. Da dieses Medikament kaum in den Stoffwechsel der Neurotransmitter eingreift, ist die im Vergleich zu L-Dopa bescheidene Wirkung verständlich.

Die ältesten Parkinson-Medikamente schließlich sind die sogenannten Anticholinergika (Akineton, Sormodren, Kemadrin, Artane usw.). Diese Medikamente haben geringen kinetischen Effekt. Sie verbessern aber die Balance zwischen cholinerger und dopaminerger Aktivität. Sie wirken gut bei Speichelfluß, bei Seborrhoe, weniger bei Schweißausbrüchen und gelegentlich auch beim Tremor. Bei Dauertherapie wird neuerdings immer wieder diskutiert, ob Anticholinergika einen fördernden Einfluß auf die senile Demenz vom Alzheimer-Typ haben.

Sehr lästige Symptome aus dem vegetativen Sektor betreffen die Obstipation. Da dieses Symptom vor allem bei reiner Dopa-Medikation auftritt und über katecholaminerge bzw. serotonerge Mechanismen des Darmes begründet scheint, könnte man annehmen, daß Tryptophanzusatz die Peristaltik anregt und die Obstipation verbessert. Da jedoch Benserazid bei moderner, kombinierter Dopa-Therapie auch die Dekarboxylierung von 5-HT blockiert, sieht man kaum Erfolge.

Da die Parkinson-Krankheit nicht nur durch ein DA-Defizit charakterisiert ist, sondern auch ein beträchtlicher Mangel an NA aufscheint, nimmt es nicht wunder, daß im allgemeinen bei fortgeschrittener Krankheit orthostatische Hypotonie beobachtet wird. Klinisch klagen die Patienten über Schwindel, Unsicherheit beim Gehen, sie schwanken wie auf Wolken. Diese Hypotonie wird durch einen Wechsel vom Sitzen zum aufrechten Stand meist verschlechtert. RR-Werte von systolisch 50 mm Hg sind keine Seltenheit. Daraus resultiert dann nicht selten ein Kollaps mit Bewußtlosigkeit, der allerdings nur wenige Minuten dauert und ohne psychische Defekte vorübergeht. Nach Umprel und Dopergin kommt es häufiger zu solchen orthostatischen Entgleisungen. Periphere NA-Stimulantien (Effortil comp. usw.) bringen kaum Erfolg. Hingegen haben wir nach oraler oder i. v.-Medikation von DOPS (3,4-Dihydroxyphenylserin, die direkte Aminosäurevorstufe von NA) eine Korrektur dieses orthostatischen Absinkens beobachten können.

Antriebssteigernde Antidepressiva (Noveril dreimal täglich 80 mg, Dixeran zweimal täglich 25 mg) sind gelegentlich gleichfalls NA-potenzierend. Natürlich sind diese Medikamente auch gegen intermittierend auftretende depressive Phasen erfolgreich. In neuerer Zeit verabreiche ich bei antriebsgestörten Depressionen 10 mg Deprenyl plus 250 mg Phenylalanin als Infusion. Abends sollten sedierende Medikamente verwendet werden (Tryptizol, Saroten, Sinequan, in Dosen von 10 bis 25 mg).

Auch eine orale Medikation von zweimal täglich 5 mg Deprenyl (Jumex) plus zweimal 250 mg Phenylalanin sind bei leichterer Symptomatik erfolgreich. Bei agitierten, ängstlichen Patienten verabreicht man Infusionen von 250 mg L-Tryptophan plus 20 bis 30 mg Deprenyl. Der günstige Erfolg tritt bei dieser Medikation schon nach Tagen ein.

Da wir die Anorexia nervosa zur Gruppe der larvierten Depressionen zählen, verabreiche ich gleichfalls die geschilderte antidepressive Therapie.

Wegen der Bradyphrenie der Parkinson-Kranken erhöht man zunächst die Dopa-Dosis und setzt dann Nootropil 3000 mg täglich als Trinkampulle oder als Infusion hinzu. Encephabol forte, zwei Tabletten täglich bzw. Cerebrolysin, verbessern subjektiv und objektiv die Gedächtnisstörungen. Bei der echten Alzheimer-Krankheit gibt es leider noch keine zielführende Behandlung.

Synopsis der Therapie

Zwei Grundregeln sind notwendig:
1. Im Plasma muß ein bestimmtes Niveau an Präkursoren verfügbar sein, denn ohne ausreichende Zufuhr der Vorstufen gibt es keine zufriedenstellende Aufnahme in das Gehirn bzw. Synthese im Neuron.
2. Die dem Neuron angebotene Konzentration an Vorstufen muß verwertet werden, d. h. zum Neurotransmitter (DA, 5-HT, NA) synthetisiert werden können.

Verfügbarkeit und Verwertbarkeit sind quasi zwei notwendige Arbeitsgänge der Neurotransmittersynthese. Die Verfügbarkeit ist durch Dosissteigerung therapeutisch leichter zu erreichen. Die Verwertbarkeit entzieht sich derzeit unserer direkten Beeinflussung. Die Anwendung der Aminosäure L-Dopa war eine Sternstunde der modernen Neurologie. Die wesentliche Konsequenz dieses Ereignisses ist aber, daß bei fortschreitender Degeneration die Zellzahl der funktionierenden Neuronen abnimmt, was eine Dosisreduktion erzwingt. Handelt man diesem wichtigsten therapeutischen Grundsatz zuwider, dann entstehen Nebenwirkungen. Die klassische Situation einer Nebenwirkung besteht in der sogenannten Dopa-Psychose. Das zugeführte L-Dopa kann in dopaminergen Neuronen des Striatums nicht mehr zu DA umgewandelt und gelagert werden. In extrastriären Regionen kommt es zu einer dopaminergen Überstimulierung bzw. unter Umständen auch zu einer Verdrängung von 5-HT und

NA aus ihren neuronalen Lagern. Klinisch entstehen dadurch Angst, Schlaflosigkeit, Konfusionen, Halluzinationen und Wahnideen. Führt man nun L-Tryptophan bzw. 5-Hydroxytryptophan und auch 3,4-Dihydroxyphenylserin hinzu, dann bewirkt die Anreicherung dieser Vorstufen eine Balancierung der Neurotransmitterfunktion.

Dieser Mechanismus hat uns 1972 zur Aufstellung der Hypothese von der „Balance der Neurotransmitter als Voraussetzung unseres normalen Verhaltens" geführt. Das Auftreten einer transitorischen Psychose kann nicht nur mit L-Dopa, sondern auch mit Umprel, Amantadin, mit Deprenyl und auch mit Anticholinergika beobachtet werden. Da die Auslösung prinzipiell von der Höhe der Dosierung abhängt, besteht das Prinzip einer optimalen Therapie darin, daß man mit verschiedenen Medikamenten auf unterschiedlichen biochemischen Ebenen eine möglichst physiologische Beeinflussung bei gleichbleibendem kinetischem Effekt erreicht.

Als zweitwichtigste Nebenwirkungen sind die Hyperkinesien zu bezeichnen. Im Striatum besteht zwischen DA und Acetylcholin ein Gleichgewicht. Beim Parkinson sinkt der DA-Pegel, was zur Akinesie führt. Erhöht man durch Dopa-Zufuhr den DA-Spiegel über das normale Gleichgewicht, dann entstehen Hyperkinesien. Die Zufuhr von Anticholinergika verbessert die Balance nicht. Nur eine Reduktion der Dopa-Dosis dämpft die Hyperkinesien. In Extremfällen von Hyperkinesien kann ein Neuroleptikum verwendet werden. Das empfehlenswerteste ist Tiapridex. Schmerzhafte Krämpfe, meist in den Beinen, treten häufig in der Nacht auf. Die einfachste Therapie besteht in Bewegungsübungen im Bett oder im Gehen. Auch die Reduktion der abendlichen Dopa-Dosis bringt die Krämpfe zum Verschwinden. In hartnäckigen Fällen führen 3 bis 6 mg Lexotanil abends zum Erfolg.

Schlafstörungen bzw. lebhafte Träume treten bei 8 Prozent meiner Patienten auf. Die Dopa-Medikation führt zu einer Hypoaktivität serotonerger Neuronen des Mittelhirns, wodurch es zu Schlaflosigkeit kommen kann. Das relative Übergewicht von NA zum 5-HT fördert das Auftreten von REM-Phasen, die traumproduzierend sind. Therapeutisch genügt L-Tryptophan 500 bis 1000 mg abends oder ein sedierendes Antidepressivum, z. B. Saroten oder Tryptizol (10 bis 25 mg abends).

Im fortgeschrittenen Krankheitsstadium klagen die Patienten über Schwindel. Im wesentlichen gibt es drei Formen von Schwindel: der echte Ménière-Anfall, ausgelöst beim Umdrehen im Bett. Ursächlich entweder eine Spondylopathie der Halswirbelsäule, die bei Drehungen zur Drosselung einer Arteria vertebralis führt. Die wesentlich häufigste Schwindelform entsteht im Verlauf einer orthostatischen Hypotension. Der an sich niedrige RR (durchschnittlich 110/80) sinkt im Stehen auf Werte von 50/40. Besonders bei längerem Stehen führt dies zu einem Kollaps mit Bewußtlosigkeit. Man kann aus dem himmelwärts gerichteten Blick und einem Verdrehen der Augen schließen, jetzt fällt er zusammen, wenn man ihn nicht niedersetzt oder legt. Dieser orthostatische Schwindel ist sehr häufig durch zu hohe Umprel-Medikation ausgelöst. Eine Reduktion der Dopa-Medikation führt nicht zur Verbesserung. Auch periphere NA-Stimulatoren wie Effortil Compositum u. a. bringen keinerlei Besserung. In milden Formen kann man mit NA-stimulierenden Antidepressiva (z.B. Noveril 80 mg dreimal täglich) gewisse Erfolge erzielen. Da diese orthostatische Hypotonie wahrscheinlich durch Degeneration des Locus caeruleus ausgelöst wird, kann fallweise mit DOPS (200 bis 500 mg i. v. oder 200 mg dreimal täglich oral) eine Erhöhung des RR herbeigeführt werden und ein Absinken des RR im Stehen zum Verschwinden gebracht werden. Bei der dritten Form des Schwindels handelt es sich um Nutritionsstörungen.

Eine Zusammenstellung über die Todesstunden im Verlauf des zirkadianen Rhythmus hat gezeigt, daß Parkinson-Kranke in hohem Prozentsatz während der Nacht und in den frühen Morgenstunden sterben. Hiezu im Gegensatz erweist sich bei einer Kontrollgruppe anderer neurologischer Erkrankungen der höchste Prozentsatz der Todesstunde während des Tages. Auch daraus geht hervor, daß Neurotransmitter bis in die letzten Lebensstunden in einer biologischen Homöostase stehen und beim Parkinson-Kranken das Leben vorwiegend in einer parasympathischen Phase erlischt.

Depression

Unser Engagement bei der Depression stammt aus über 30jährigen Beobachtungen, Untersuchungen und Entdeckungen, die ich (W.B.) bei der Parkinson-Krankheit gemacht habe. Ca. 25 Prozent der Parkinson-Patienten haben im Verlauf der Krankheit oder schon Jahre vor dem Beginn (11%) der Krankheit depressive Phasen. Diese Phasen stehen im Zusammenhang mit den biochemischen Stoffwechselstörungen des Parkinson. Während man bei den echten endogenen Depressionen immer wieder Familienangehörige aufstöbert, die gleichfalls an Depressionen leiden oder gelitten haben, gibt es Parkinson-Patienten, in deren Familien keine Depressionen auftreten, d. h. die Depression bei Parkinson-Kranken ist ein Symptom der Krankheit und entsteht durch einen Balanceverlust der Neurotransmitter. Die Parkinson-Depressionen sind in der Intensität geringer ausgeprägt und in der Dauer kürzer. Im Vordergrund stehen die affektive Verstimmung, eine emotionale Anergie, Störungen des Appetits, des Schlafes, der Stimmung, des zirkadianen Rhythmus. Depressive Parkinson-Kranke sind in den Morgenstunden motorisch reduziert leistungsfähig, erst nachmittags und abends verfügen sie über eine normale Beweglichkeit. Sie führen die verbesserte Stimmungslage auf die verbesserte Motorik zurück, was sicher nicht gesetzmäßig zutrifft. Zahlreiche Parkinson-Patienten, die therapeutisch gut eingestellt sind und die in den Morgenstunden eine gute motorische Aktivität zeigen, sind in den depressiven Phasen morgens unzufrieden, klaghaft, negativ zu allen Medikamenten und zu allen sonstigen ärztlichen Bemühungen eingestellt. Kennt man den Verlauf der Krankheit bei einigen bestimmten Patienten, dann kann man aus der nicht einfühlbaren Verstimmung sofort die Diagnose „Depression" stellen und eine antidepressive Therapie einleiten. Innerhalb weniger Wochen berichten die Angehörigen, daß die Patienten verträglicher und zufriedener geworden sind.

Die biochemischen Analysen unserer verstorbenen, depressiven Patienten zeigten im wesentlichen die gleichen Entgleisungen der Neurotransmitter wie beim Parkinson, nur mit geringerer Abweichung. Der geringen Ausbildung der depressiven Symptome entsprechend, wirken schon schwächer wirkende Antidepressiva. Bei üblichen depressiven Verstimmungen genügen zur Neutralisierung Noveril 40 bis 80 mg morgens und Saroten 10 mg abends. Diese Medikamente müssen aber über mehrere Monate gegeben werden! Nebenwirkungen treten kaum auf, mit einer Ausnahme: Die Patienten klagen über Gewichtszunahme. Dieses Phänomen, das auch bei endogenen Depressionen anzeigt, daß sich die trophotrope Heilphase, die unter anderem durch 5-HT stimuliert wird, eingestellt hat, kommt auch bei den Parkinson-Depressionen zur Beobachtung. Bei echten Depressionen konnten wir postmortem-Verschiebungen der Neurotransmitter-Werte gegenüber Kontrollen finden.

Charakteristisch sind nicht nur die reduzierten Werte des DA, NA und 5-HT in verschiedenen Hirnstammregionen, sondern eine variable Korrelation zwischen den Neurotransmittern. Diese Verschiedenheiten sind möglicherweise die Ursache für das Entstehen einzelner Symptome. Tranylcypromin und Deprenyl (in Dosierungen ab 10 bis 15 mg täglich) blockieren den intraneuronalen Abbau der Neurotransmitter (NA und 5-HT bzw. DA und PEA). Diese beiden Stoffe sind – unserer Erfahrung nach – rasch wirksame Antidepressiva. Wirksame Stimulatoren der synthetisierenden Enzyme kennen wir noch nicht, so daß die Blockade der abbauenden Enzyme therapeutisch wirksamer ist.

Da biochemische Analysen an Gehirnen verstorbener, depressiver Patienten nur selten durchführbar sind, haben wir versucht, an über 1000 depressiven Patienten im Verlauf

der letzten zehn Jahre die Präkursoren der Neurotransmitter Tyrosin und Tryptophan im Plasma und die metabolischen Abbauprodukte der Neurotransmitter im Harn (HVS, VMS und 5-HIES) zu bestimmen. Die Tyrosin- und Tryptophanwerte im Plasma zeigten im Vergleich zu den Kontrollen signifikante Abweichungen. Es gibt vier Hauptvarianten:
1. Tyrosin und Tryptophan erniedrigt (seltene Variante)
2. Tyrosin und Tryptophan erhöht
3. Tyrosin erhöht, Tryptophan normal oder erniedrigt
4. Tyrosin normal oder erniedrigt, Tryptophan erhöht.

Gleichzeitig wurden im Morgenharn HVS, VMS und 5-HIES bestimmt. Wir verwendeten den Morgenharn, da sich in Voruntersuchungen gezeigt hatte, daß gerade in den Morgenstunden die Ausscheidungswerte von HVS und VMS bei Depressionen erniedrigt waren; d. h., der Metabolismus von DA zu HVS und von NA zu VMS war bei diesen Patienten reduziert.

Eine Parallelität zu den morgendlich reduzierten HVS- und VMS-Werten und der morgendlichen Inaktivität ist auffällig. Eine direkte Zuordnung von Schlaflosigkeit zu verminderter 5-HIES-Ausscheidung oder vermehrter Umsatz von Tyrosin zu VMS zu frei flottierender Angst ist aber nicht möglich. Biochemische Analysen in der Peripherie geben daher nur bei einem bestimmten Krankengut zunächst Hinweis auf ein depressives Geschehen.

In früheren Abschnitten wurde schon hervorgehoben, daß ein spezifischer Neurotransmitter nicht in allen Regionen seiner physiologischen Lagerung gleichartige Funktionen auslöst. So kann eine erhöhte NA-Freisetzung im N. amygdalae Aggressionen auslösen und die gleiche Substanz im Bereich der Reticularis zu einer Erhöhung der Vigilanz führen. Nur eines können wir feststellen, daß kein depressiver Patient und vor allem keiner mit larvierter Depression, bei dem die fünf biochemischen Parameter analysiert wurden, Werte zeigte, die alle innerhalb der statistischen Schwankung lagen. Im Gegenteil – wenn bei den sogenannten „Borderline cases"

(Grenzfälle zwischen Depression und Schizophrenie) Werte gefunden wurden, die in das Depressionssyndrom fielen, dann wurde der Patient, unabhängig von seinem Symptombild, antidepressiv behandelt. Wenn jedoch die klinischen Symptome der Angst, der Antriebsstörung, der Schlaflosigkeit und der abendlichen Remission auf eine Depression hinwiesen und die biochemischen Analysen sich im Normbereich befanden, wurde eine neuroleptische Therapie eingeleitet, die erfolgversprechender als eine antidepressive Medikation war.

Wenn man über ein großes klinisches Krankengut verfügt, hat man überhaupt den Eindruck, daß die Grenzfälle, die in ihrem klinischen Bild depressive bzw. schizophrene Symptome präsentierten, gehäuft auftreten. Ich (W.B.) kann seit 50 Jahren psychotische Patienten beobachten, das Phänomen einer gehäuften Legierung ist aber neu.

Wir glauben, daß die Ursache in einer langfristigen — möglicherweise auch ungezielten — Psychopharmaka-Medikation liegt. Antidepressiva, bei latentem Morbus Bleuler verabreicht, lösen einen schizophrenen Schub aus. Neuroleptika, bei Depressionen verabreicht, lösen verstärkte depressive Symptome aus. Schon diese klinische Erfahrung weist darauf hin, daß als Ursache der Depression eine Balancestörung der Neurotransmitter anzusehen ist. Ein Neuroleptikum blockiert verschiedene Rezeptoren und vermindert dadurch den spezifisch wirksamen Neurotransmitter-Effekt, wodurch eine Verschlechterung der depressiven Stimmung eintritt (Verstärkung der Minus-Symptome). Anderseits — wenn bei einem schizophrenen Prozeß ein Antidepressivum verabreicht wird (etwa Jatrosom), kommt es zu einer dramatischen Akuität des Prozesses, da unter anderem durch die Blockade des Reuptake (Wiederaufnahme) eine potenzierte Neurotransmitter-Wirkung ausgelöst wird (Verstärkung der Plus-Symptome).

Damit kommen wir zur Frage der Ursache der Depression. Die angeführten biochemischen Balancestörungen führen zur Auslösung der depressiven Symptome; wodurch aber diese Balancestörung der diversen Neurotransmitter bedingt ist, wissen wir nicht.

Normalerweise werden Entgleisungen biochemischer Funktionen durch Rückkopplungsmechanismen kompensiert. Feedbackregulation eines Angstsyndroms (u. a. übersteigerte Aktivität) kann nach einer bestimmten Zeit zu katecholaminerger Erschöpfung mit relativer Erhöhung serotonerger Aktivität führen. Das Resultat ist Schlaf als kompensatorischer Vorgang. Solche Mechanismen konnte man im Krieg vielfach beobachten. Soldaten vor einem Angriff fielen plötzlich in einen Schlaf.

Solche Feedbackregulationen sind z. B. bei der Parkinson-Krankheit gestört; es bewirkt etwa eine zu hohe L-Dopa-Medikation Hyperkinesien; beim Gesunden kompensiert der effiziente Rückkopplungsvorgang diesen Dopa-Überschuß sehr rasch. Fehlt in der Funktionsspirale ein Glied, dann unterbleibt der Kompensationseffekt. Die Möglichkeiten eines solchen Defektes liegen z. B. im Nervenende (intraneuronale Rückkopplung) oder am Rezeptor (über interneuronale Rückkopplung). Bei Nichtansprechen des spezifischen Rezeptors kann die Feedbackregulation nicht in Gang gesetzt werden. Eine andere Möglichkeit einer unzureichenden Kompensation wäre, daß der kompensierende Neurotransmitter selbst in unzureichendem Maße verfügbar ist. Ohne NA gibt es bei verlängertem Schlaf keine „Arousal reaction" (Aufwachreaktion). Bei der Parkinson-Krankheit können durch die progrediente Degeneration alle Möglichkeiten versagen.

Bei den Depressionen liegt kein degenerativer Prozeß zugrunde, sondern neuronale Dekompensation. Diese funktionellen Schwankungen führen zum Verlust der biochemischen Balance und damit zu den vielfachen Entgleisungssymptomen des Befindens und des Handelns.

Dieser Abschnitt soll nicht einen systematischen Bericht der einzelnen klinischen Depressionsformen geben, sondern nur die Beteiligung der Auslösertransmitter darlegen. Die Tatsache, daß auf der ganzen Welt die Depression als Krankheit zugenommen hat, ist evident, das heißt, daß die modernen Lebensbedingungen zu erhöhten Belastungen der Neurotransmitter-Systeme führen. Die Tatsache, daß wir heute Depressionen schon in der Pubertät, aber auch während oder nach einer Schwangerschaft, im Klimakterium, in der Involutionsphase und letztlich auch senile depressive Syndrome beobachten können, zeigt an, daß in Krisen mit einer gesteigerten biochemischen Beanspruchung ein Syndrom einer Adaptationsschwäche aufscheint, welche wir eben „Depression" nennen. Es gibt Einteilungen, in denen auch eine neurotische Depression aufscheint. Das ist – unserer Auffassung nach – keine klinische Entität. Die neurotische Depression stellt einen frustrierten, individuellen Versuch dar, subjektiv erlittene Minusqualitäten der Lebensgestaltung durch neurotische Mechanismen zu kompensieren. Solche neurotischen Verhaltensweisen sind manchmal so intensiv ausgeprägt, daß der Arzt die zugrundeliegende, dahintersteckende Depression gar nicht bemerkt. Während die depressiven Syndrome der verschiedenen Lebensalter remissionsfähig sind, gibt es besonders im Alter depressive Dekompensationen, bei denen keine Remission möglich ist. Das sind solche, die z. B. nach einer Grippe, nach einem chirurgischen Eingriff mit länger dauernder Narkose oder auch bei arteriosklerotischer Mangeldurchblutung auftreten. Man könnte sie als somatische Depressionen bezeichnen, weil bei ihnen faßbare somatische Defekte vorliegen.

Zur exakten Erfassung des klinischen Syndroms wurden zahlreiche Bewertungsskalen beschrieben (Hamilton, Zung, v. Zeersen u. v. a.). Wir verwenden unsere eigene Zusammenstellung (Tab. 2), die für jeden Arzt und Patienten verständlich ist, keinen großen Zeitaufwand erfordert und für eine gezielte Therapie genügend Hinweise gibt. Der erste Sektor zeigt von Nummer 1 bis 6 eine vor allem unzureichende Aktivität katecholaminerger Neurotransmitter an.

Tabelle 2. *Bewertungsskala für Depressionen*
(Prof. Dr. W. Birkmayer)

	Bewertungszahl			
Bewertungsparameter	0	1	2	3
1. Lustlos	—	—	—	—
2. Freudlos	—	—	—	—
3. Interesselos	—	—	—	—
4. Antriebslos	—	—	—	—
5. Konzentrationsmangel	—	—	—	—
6. Verminderte Leistungsfähigkeit	—	—	—	—
7. Schlaflos	—	—	—	—
8. Appetitlos	—	—	—	—
9. Gewichtsabnahme	—	—	—	—
10. Obstipation	—	—	—	—
11. Libidoverlust	—	—	—	—
12. Abendliche Remission	—	—	—	—
13. Zwangsgrübeln	—	—	—	—
14. Allgemeiner Pessimismus	—	—	—	—
15. Selbstvorwürfe	—	—	—	—
16. Schuldgefühle	—	—	—	—
17. Angst	—	—	—	—
18. Suizidneigung	—	—	—	—
19. Hypochondrische Beschwerden	—	—	—	—
20. Gedanken über die Sinnlosigkeit des Lebens	—	—	—	—

Der zweite Sektor (7 bis 11) weist auf eine Insuffizienz der serotonergen Aktivität hin. Libido-Verlust basiert jedoch wahrscheinlich auch auf einem DA-Defizit in den entsprechenden Sexualzentren. Man weiß z. B., daß das Septum pellucidum (limbisches System) für die Auslösung von Lust und Lustbefriedigung mitverantwortlich ist. Das nicht allzu seltene Ausbleiben der Menstruation bei depressiven Frauen basiert wahrscheinlich auf einem biochemischen Defekt, der mit dem Hypothalamus eventuell verbunden werden kann.- Von dort ziehen dopaminerge Bahnen zur Hypophyse, die hormonbeeinflussend wirken. Die Steuerung erfolgt für Prolaktin inhibitorisch, wobei der Hemmfaktor mit DA identisch sein dürfte. Prolaktin wirkt primär auf Mammae und Gonaden. Hier haben wir ein klassisches Beispiel einer Neurotransmitter-Hormonkopplung vor uns. Die dritte Sektion (von 12 bis 20) umfaßt depressive Symptome, die mit unserem derzeitigen Wissen keiner spezifischen biochemischen Entgleisung zuzuordnen sind. Das entscheidende Kriterium der abendlichen Remission ist das Resultat einer verstärkten, wahrscheinlich abgestimmteren Neurotransmitter-Ausschüttung, die Ausdruck der zirkadianen Fluktuation ist. Zwangsgrübeln, pessimistische Ideen, Zukunftssorgen, Selbstvorwürfe, Schuldgefühle zeigen Minus-Symptome an, die psychologisch aus vitalen Bewältigungsschwierigkeiten entstehen. Schuldgefühle, die übrigens zur Jahrhundertwende zum klassischen Bild der Melancholie gehörten, werden in der heutigen emotionsarmen Zeit kaum angegeben. Sie entsprechen einem bewußten Erleben der biologischen Unzulänglichkeit. Der Selbstmord bzw. Selbstmordgedanken oder -impulse im weitesten Sinn entsprechen einer Flucht aus dem Chaos in die Ruhe des Todes. Die Angst, biochemisch durch permanente NA-Aktivierung ausgelöstes Alarmsignal, ist gleichsam der Auslöser einer Notfallreaktion. Diese Reaktion, durch welche eine biochemische Dekompensation ausgeglichen werden soll, fehlt allerdings bei der Depression.

Punkt 19, die hypochondrischen Beschwerden, kommen meist bei der Sonderform der larvierten Depression zur Beobachtung. Bei dieser Sonderform stehen Symptome in der Peripherie des Organismus im Vordergrund, was eben neben der zentralen auch auf eine periphere Balancestörung der Neurotransmitter hinweist. Solche Patienten klagen z. B. über Magenbeschwerden und versuchen den Arzt immer wieder zu überzeugen, daß sie nicht an einer Depression leiden, sondern nur an einer Gastritis. Das mag an sich stimmen, denn durch die beschriebenen zentralen oder peripheren Balancestörungen der Neurotransmitter-Systeme bei einer Depression kann eine Anazidität im Magen ausgelöst werden, in gleicher Weise eine Mundtrockenheit, eine unzureichende Produktion der Verdauungsenzyme und gleichfalls eine verzögerte Peristaltik. Schließlich besteht bei der Depression ein reduzierter Muskeltonus, der zu einer gebeugten Körperhaltung führt (der Depressive läßt den Kopf hängen). Gleichzeitig besteht eine spannungslose, modulationsarme Stimme, eine mimische Ausdrucksstarre.

Aus dieser Zusammenstellung ist ersichtlich, daß Störungen in der Koordination chemischer Wirkstoffe in verschiedenen Regionen des Hirnstammes und limbischen Systems zu einer Vielfalt von Symptomen führen. Das Symptom-Muster der Depression ist im ganzen gesehen so charakteristisch, daß sie leicht zu diagnostizieren ist. Dem Symptom-Muster entspricht ein ganz bestimmtes, neuronales Defekt-Muster. Dadurch entsteht die Vielfalt der klinischen Symptome. Eine generelle Therapie der Depression würde erfordern, daß wir in der Lage wären, jedes gestörte kybernetische System zu substituieren oder zu inhibieren. Das ist natürlich eine Chimäre, d. h. eine nicht zu verwirklichende Maßnahme.

Grundsätzlich müßte eine Plus-Symptomatik wie die Angst z. B. durch eine Hemmung der NA-Synthese, durch eine Hemmung der NA-Freisetzung oder durch eine Blockade noradrenerger Rezeptoren neutralisiert werden. Die Hemmung der Synthese könnte auch durch eine Stimulierung präsynaptischer Rezeptoren erfolgen. Dieser präsynaptische Rezeptor hemmt die Aktivität der (synthetisierenden) Tyrosinhydroxylase. Durch die Hemmung der Synthese besteht die Möglichkeit zu reduzierter NA-Aktivität, wodurch die Symptome der Angst und Schlaflosigkeit verbessert werden. Auch Rezeptorblocker für 5-HT wurden zur Verfügung gestellt, in der Vorstellung, durch Hemmung serotonerger Aktivität die Inaktivität und Antriebsstörung des Depressiven zu verbessern.

Gehen wir etwa dreißig Jahre zurück. Mit der Entdeckung der antidepressiven Wirkung von MAO-Hemmern durch Kline, des Imipramins durch R. Kuhn und des Amitriptylin begann eine neue Ära der Depressionsbehandlung.

Den MAO-Hemmern liegt das therapeutische Prinzip zugrunde, daß sie den Abbau der Neurotransmitter im Neuron blockieren und dadurch eine Anreicherung der gespeicherten Neurotransmitter bewirken. Dieser richtige therapeutische Grundgedanke brachte jedoch deshalb keinen durchschlagenden Erfolg, weil die MAO-Hemmer damals nicht spezifisch wirkten, d. h., sie lösten nicht eine spezifische Anreicherung von NA oder DA oder 5-HT aus. Imipramin und Amitriptylin blockieren vorwiegend die Wiederaufnahme biogener Neurotransmitter (Abb. 6). Dadurch entsteht eine Anreicherung der Neurotransmitter im synaptischen Spalt. Das bedeutet eine Vermehrung der Neurotransmitter im biologisch wirksamen Raum. Kielholz hat ein heuristisch sehr brauchbares Schema entwickelt, das von der Zielwirkung der verschiedenen Antidepressiva ausgeht.

Er unterscheidet antriebssteigernde Medikamente, zu denen z. B. Jatrosom, Tofranil, Anafranil, Noveril gehören. Die angstlösenden Medikamente stehen am anderen Pol und umfassen Tryptizol, Saroten, Sinequan, Tolvon, Limbitrol. So richtungsweisend und leicht verständlich dieses Schema für den praktischen Arzt ist, so erfolgreich es bei der Durchführung der Therapie sein kann, so variabel muß es gehandhabt werden. Rein praktisch kann sich diese Vielfalt jedoch therapeutisch umgehen lassen, indem man morgens antriebssteigernde Antidepressiva und abends sedierende, relaxierende Medikamente verabreicht. Zur Antriebssteigerung empfehle ich (W.B.) immer als stärkstes Medikament Jatrosom morgens und mittags eine Tablette und ein Jumex, zur Sedierung Saroten (25 bis 50 mg) abends. Jatrosom enthält 13,7 mg Tranylcypromin plus 1,18 mg Trifluoperazin (Neuroleptikum). Die wirksame Substanz ist das Tranylcypromin, das durch Blockade des Abbaues von Katecholaminen zur Antriebssteigerung führt. Die geringe Menge des Neuroleptikums blockiert den postsynaptischen Rezeptor. Eine leichte Blockade stimuliert durch Feedbackregulierung die Aktivität der Tyrosinhydroxylase. Das therapeutische Prinzip besteht somit aus zwei gezielten Angriffspunkten: 1. durch die MAO-Blockade wird die Speicherung des Neurotransmitters im Neuron erhöht; 2. die Blockade des postsynaptischen Rezeptors stimuliert die Aktivität der Tyrosinhydroxylase, des Katecholamine synthetisierenden Enzyms.

Dadurch ist dieses Medikament eines der wirksamsten antriebssteigernden Mittel.

Nebenwirkungen sind immer ein Zeichen einer Überdosierung. Am häufigsten kommt es zu Agitiertheit, zu innerer Unruhe und Schlaflosigkeit. Dann muß die Dosis auf eine bzw. eine halbe Tablette morgens reduziert werden und gleichzeitig abends eine oder zwei Kapseln Limbitrol zugesetzt werden.

In den Beipackzetteln wird immer vor einer Kombination von Jatrosom mit trizyklischen Antidepressiva gewarnt. In dieser Ausschließlichkeit ist diese Aussage nicht haltbar. Ich kombiniere seit über dreißig Jahren beide Medikamente und habe bei individuell eingestellter Dosierung nie schwerwiegende Nebenwirkungen (z. B. Blutdruckkrisen) beobachten können. Wenn Agitiertheit, Unruhe und Angst zunehmen, muß man eben die Jatrosom-Dosis reduzieren. Wenn der „Hang over" nach Limbitrol am nächsten Morgen eine zu starke Aktivitätsreduktion auslöst, dann muß eben die abendliche Amitriptylin-Dosis reduziert werden. Das Einspielen der optimalen Mischung ist heute kein ärztliches Problem mehr. Ein schwächer wirkendes, antriebssteigerndes Medikament ist Deanxit (10 mg Melitracen und 0,5 mg Flupentixol). Der erste Stoff ist leicht antriebssteigernd, der zweite ist ein Neuroleptikum, das gleichfalls über eine Rezeptorblockade eine Stimulierung der TH-Aktivität bewirkt. Es bewährt sich besonders bei larvierten Depressionen. Bei Unverträglichkeit des Jatrosoms kann man zum leichter wirkenden Deanxit übergehen.

Ein Antidepressivum, das alle Komponenten erfaßt, ist das Ludiomil. Es verbessert bei manchen Patienten den Antrieb, bei anderen die Schlafbereitschaft. Die antidepressive Wirkung an sich ist aber geringer als bei Saroten, Tryptizol usw. Als schlaffördernde Dosis muß mindestens 75 mg gegeben werden. Bei geringerem Schweregrad empfehlen sich Medikamente, die auch eine geringere Wirkung haben. Als antriebssteigernde Medikamente etwa Dixeran, Noveril und als geringer wirkende sedierende Medikamente Tolvon, Gamonil, Sinequan.

Bei Patienten, bei denen neben den klassischen Depressionssymptomen phobische Zwangsmechanismen auftreten (Platzmangel; Angst, beobachtet zu werden usw.), bewährt sich Dogmatil (ein mildes Neuroleptikum). Die Wirkung ist gleichfalls sehr variabel. Es gibt Patienten, die über eine aufhellende Stimmung und ein Zurücktreten der Zwangsphänomene berichten. Als Nebenwirkung klagen sie jedoch über Schlaflosigkeit. Andere hingegen berichten wohl über Befreiung ihrer Zwangsmechanismen, klagen jedoch über unerwünschte Müdigkeit und Schlafsucht. Mit einer gewissen individuellen Therapie kann man aber fast alle therapeutischen Ziele erreichen.

Eine ärztliche Gepflogenheit, die leider sehr oft anzutreffen ist, besteht in der sinnlosen Verabreichung von Tranquilizern. Bei bestehender Angst wird die gesamte Reihe vom Anxiolit bis zum Temesta, vom Lexotanil bis zum Adumbran verabreicht. Wie Pöldinger immer betont, sind solche Drogen am Beginn einer antidepressiven Therapie als Kombination mit echten antidepressiven Medikamenten dann empfehlenswert, wenn man einen sedierenden Effekt wegen Suizidgefahr oder Angst dringend benötigt. Die Tranquilizer haben den Vorteil, daß sie sofort wirken, während die Antidepressiva eine gewisse Anlaufzeit benötigen. Tranquilizer haben nur geringe Wirkung bei der Wiederherstellung der biochemischen Balance.

Eine weitere Unsitte bemerkt man gleichfalls immer häufiger. Bei chronischen Depressionen werden zur Schlafförderung oder zur Angstlösung häufiger als früher Neuroleptika verwendet — etwa Melleril 100 mg oder Dapotum 25 mg abends, Cisordinol 25 mg abends, Buronil 50 mg abends. Neuroleptika blockieren postsynaptische Rezeptoren und führen dadurch zur Sedierung. Das ist die Indikation bei schizophrenen Prozessen. Aber solche Eingriffe in die neuronale Funktion führen nie zu einer Wiederherstellung der biochemischen Balance. Natürlich kann man einen äußerst agitierten, ängstlichen, ja tobenden Patienten mit einer sedierenden Dapotum-Injektion ruhigstellen. Aber ein Dauereinsatz bei Depressionen ist nicht zielführend, außer man will aus Gründen der Pflegeerleichterung den Patienten ruhigstellen (quasi lobotomieren).

Ganz allgemein kann man beim derzeitigen Stand der Forschung und der klinischen Erfahrung sagen: Eine Substitution unzureichend verfügbarer Neurotransmitter mit den physiologischen Vorstufen ist schwierig und unbefriedigend.

Eine Substitution von Präkursoren ist zielführend, wenn Dosis und zeitlicher Einsatz optimal organisiert sind. Eine Stimulierung inaktiver Enzyme z. B. Tyrosinhydroxylase, Dekarboxylase, Beta-Hydroxylase, Tryptophanhydroxylase zur Aktivierung der Neurotransmitter-Synthese ist bis jetzt nicht gelungen. Hemmung der MAO-Aktivität führt zu einer Anreicherung der biogenen Neurotransmitter. Seit uns spezifisch wirkende MAO-Hemmer zur Verfügung stehen, hat die antidepressive Behandlung wirksame Impulse empfangen. L-Deprenyl hemmt die Aktivität der MAO-B und führt zur Anreicherung von Dopamin. Da unsere biochemischen Analysen ein Defizit an DA in verschiedenen Regionen zeigten, habe ich Deprenyl (zweimal 5 mg bis zweimal 10 mg täglich), kombiniert mit Phenylalanin (250 mg täglich), oral verabreicht. Bei gehemmten Depressionen zeigt sich mit dieser Kombination eine Antriebssteigerung, die nach viel kürzerer Therapie eintritt als nach den üblichen Antidepressiva.

Bei Patienten mit schweren Depressionen beginne ich (W. B.) mit Infusionen von 10 mg L-Deprenyl plus 250 mg Phenylalanin i. v. Diese Behandlung wird zwei bis drei Wochen täglich fortgesetzt. Die Besserung der Antriebsstörung, der Lust- und Interesselosigkeit tritt bei zwei Drittel der Patienten schon nach einer Woche ein. Nach zufriedenstellender Besserung setze ich mit der oralen Medikation fort. Als Dauermedikation über 6 bis 12 Monate genügt meist eine Tablette Deprenyl (Jumex, 5 mg) morgens. Als Nebenwirkung treten gelegentlich unerwünschte Unruhe, Agitiertheit und Schlafstörungen auf. Zur Kompensation genügt ein Zusatz von 10 mg Saroten zweimal täglich. Bei leichten Schlafstörungen kann auch abends 500 mg L-Tryptophan gegeben werden. Da die gehemmten Depressionen in meinem Krankengut bei weitem die agitierten Depressionen überwiegen, besteht meine orale Standardtherapie darin:

Medikament	morgens	mittags	abends
Jatrosom (2−4 Tbl.)	1	1	0
Phenylalanin (250 mg)	1	1	0
Saroten (10 bis 25 mg)	0	0	1

Bei Nebenwirkungen ist eine Reduktion der Dosis erforderlich. Bei Zurücktreten der Antriebsstörung und Persistieren der gedrückten Stimmungslage setze ich Saroten dreimal 25 mg täglich hinzu. Die Voraussetzung für den Erfolg ist immer ein feines Einspielen der einzelnen Wirkkomponenten. Wenn z. B. bei Deprenyl-Infusionen der antriebssteigernde Effekt zufriedenstellend ist, aber eine Schlaflosigkeit resultiert, dann setze ich abends Infusionen mit 500 mg L-Tryptophan i. v. hinzu.

Da beim Depressionssyndrom kein degenerativer Prozeß vorliegt, kann allein durch Hemmung der abbauenden Enzyme eine echte Neurotransmitter-Vermehrung erzielt werden, zum Unterschied zum Parkinson-Syndrom, bei dem die Zellatrophie zusätzlich zur MAO-Hemmung immer auch eine Zufuhr des Neurotransmitter-Präkursors notwendig macht. Eine Substanz, die den biochemisch orientierten Kliniker noch nicht voll befriedigt, ist Lithium. Nach meinen (W. B.) Erfahrungen ist es wirksam bei streng periodischen, endogenen Depressionsphasen: Da gelingt es relativ häufig, die manischen Phasen zu unterdrücken. Eine Korrelation von Lithium zu einer Beeinflussung der Neurotransmitter und zu einer Wiederherstellung der biochemischen Balance kann angenommen werden. Da sich die biochemischen Analysen im Cerebrum von depressiven Patienten auf relativ wenige postmortem-Untersuchungen stützen, muß in Zukunft versucht werden, über die modernen bildgebenden Verfahren (z. B. NMR oder P. E. T. Scan-Analysen) Aufschlüsse über die entgleisten Stoffwechselvorgänge im Hirnstamm zu finden.

Vegetativ-affektive Dekompensation

Die Voraussetzung unseres normalen Befindens und Verhaltens ist — wie wiederholt angeführt — eine Balance zwischen den verschiedenen Neurotransmitter- und Neuropeptidsystemen. Diese Balance wird durch Feedbackmechanismen aufrechterhalten. Als klinisches Beispiel wollen wir das strionigrale GABA-System erwähnen. Dieser Neurotransmitter wird vom Striatum auf einer GABA-ergen Bahn zur Substantia nigra geleitet. Dort blockiert GABA die DA-Aktivität der Substantia-nigra-Zellen und damit den DA-Transport zum Striatum. Ist das DA-Niveau im Striatum zu niedrig, dann wird per Feedbackmechanismus eine Hemmung der GABA-ergen Aktivität ausgelöst. Die dadurch verminderte GABA-Konzentration in den Zellen der Substantia nigra vermehrt das DA-Angebot im Striatum. Durch Stimulierung der DA-Synthese der Substantia-nigra-Zellen wird die Akinesie des Parkinson-Kranken verbessert. Umgekehrt entsteht durch eine zu hohe DA-Aktivität im Striatum gleichfalls eine Feedbackregulierung der GABA-ergen Aktivität. Die durch Feedbackmechanismen aufrechterhaltene Balance der Neurotransmitter im Striatum ist somit die Voraussetzung unserer im Normenbereich ablaufenden Instinktbewegung. Da im Striatum und in der Substantia nigra auch verschiedene andere Neurotransmitter vorhanden sind, entspricht unsere biochemische Balance nicht einem waagemäßigen Gleichgewicht, sondern repräsentiert eine sphärische Balance, analog einer Galaxie. Verschiedene Substanzen stimulieren bzw. inhibieren die balancierenden Feedbackmechanismen. Schmerzdrosselnde Neuropeptide wie Enkephaline oder Endorphine blockieren die schmerzleitenden Fasern. Opiate hemmen z. B. die Freisetzung von Substanz P. Schmerzstimulierung wie -hemmung haben zweifellos einen fördernden bzw. einen hemmenden Einfluß auf die Motorik. Wenn bei einem Boxkampf ein Kämpfer einen schmerzhaften Hieb einsteckt, dann werden über Rückkopplungen verstärkte emotionale Aggressionen und verstärkte motorische Aktionen ausgelöst.

Die Voraussetzung unseres normalen Verhaltens ist bedingt durch die Homöostase zwischen verschiedenen agonistischen und antagonistischen Neurotransmittern und Neuromodulatoren. Ungenügende Feedbackregulation, ausgelöst durch unzureichende Rezeptorenstimulierung einerseits und übersensible Rezeptorenaktivität anderseits, lassen pathologische Störungen erwarten. Wir kennen heute eine Reihe von Stimulatoren der postsynaptischen Rezeptoren wie Apomorphin, Bromocriptin und Lisurid und kennen auch die große Gruppe der neuroleptischen rezeptorblockierenden Medikamente.

Ein anderer kausaler Faktor wäre die unzureichende Synthese eines Neurotransmitters, z. B. eine reduzierte, nicht kompensierbare Tyrosinhydroxylase-Aktivität, woraus eine unzureichende DA-Synthese resultiert. Das klinische Symptom dieser Fehlsteuerung ist eine Akinesie bzw. eine emotionale Antriebsstörung.

Schließlich kann auch durch vermehrte bzw. beschleunigte Umsatzrate (Turnover) ein pathologisches Symptom ausgelöst werden. Vermehrte periphere Umsetzrate spiegelt sich im Niveau der abgebauten Neurotransmitter im Harn. So ist die HVS-Ausscheidung im Harn beim „Zappelphilipp" gesteigert und beim Syndrom der Anorexia nervosa (Pubertätsmagersucht) reduziert. Durch biochemische Analysen der Präkursoren im Blut und der Metaboliten in Liquor und Harn können wir Anhaltspunkte für verschiedene zentral- bzw. peripherbedingte Verhaltensstörungen spezifizieren. Dadurch wird derzeit schon eine begrenzte, aber gezielte Korrektur möglich, eine Korrektur, die mit zunehmender Erweiterung unseres Wissens und mit Zunahme unserer spezifisch wirkenden Neuropharmaka sicher perfektioniert werden kann. Diese Feedbackregulierung von Balanceverlusten gilt im gleichen Maß auch in der Peripherie. Sinkt bei einem Menschen der Blutzucker, dann bekommt er Appetit. Es gibt nun zwei Möglichkeiten der Anpassung: Entweder man ißt, dann kommt durch den Anstieg der Glukose im Blut eine Wiederherstellung des Zuckerpegels zustande, und das Hungergefühl verschwindet. Ist durch äußere Umstände die Nahrungsaufnahme behindert, dann erzeugt die niedrige Blutzuckerkonzentration eine Rezeptorenstimulierung, an der Katecholamine beteiligt sind; in der Folge wird durch Abbau endogener Reserven die Blutzuckerkonzentration gesteigert. Das Mißbehagen durch Hunger verschwindet in beiden Fällen. Letzterer Mechanismus ist allerdings nur relativ kurze Zeit relevant. Wenn alle vegetativen, emotionalen, affektiven Funktionen des Menschen optimal durch Feedbackmechanismen reguliert sind — wieso kommt es in unserer Zeit zu so vielen Entgleisungen der vegetativ-emotionalen Balance?

Der österreichische Forscher Hans Selye hat den Begriff „Streß" geprägt. Er verstand darunter alle klinisch faßbaren Adaptationsvorgänge auf Milieubelastungen. Zur Zeit seiner Forschungen konnte er nur einige Parameter, z. B. die Steigerung der Hypophysen-Nebennierenrindenachsenaktivität nach Streß, objektivieren. Dieser Streß ist nichts Krankhaftes, sondern eine physiologische Reaktion des Organismus auf jegliche Belastung (Entzündungen, organische oder psychische Traumen, ein Überangebot an sensiblen bzw. sensorischen Informationen, akustisch, optisch usw.). Der normale Streß ist somit ein Zeichen einer optimalen Adaptation. Wenn allerdings die Umweltbelastung die Toleranzgrenze der Adaptationsfähigkeit überschreitet, dann treten Zeichen einer vegetativ-affektiv-emotionalen Entgleisung auf. Solche Symptome, von der Schlaflosigkeit, Appetitlosigkeit bis zur Reizbarkeit mit vorzeitiger Ermüdung, sind Ausdruck insuffizienter Adaptationskapazität, d. h., ein Mensch, der den ganzen Tag mit größter Konzentration und Aufmerksamkeit eine geistige oder körperliche Arbeit vollführt (LKW-Fahrer), benötigt dazu ein Übermaß an NA-Aktivität, um über die notwendige Arousal-Aktivität zu verfügen. Die Balance zwischen NA und anderen Transmittern ist zugunsten des ersteren verändert. Das Hineingleiten in den Schlaf ist dadurch blockiert. Die geförderte chronische NA-Überaktivität führt zu einer Tachykardie, zu einem Blutdruckanstieg, zur Verminderung des Appetits usw. Kommt jetzt noch ein zusätzlicher Milieureiz hinzu, z. B. das Wohnen in Räumen, die ein Zurückziehen aus der Wohngemeinschaft in eine stille Ecke nicht ermöglichen, dann sind Rückkopplungsmechanismen in gewissen Toleranzbreiten häufig nicht mehr imstande, eine Rückkehr zur biochemischen Balance zu intendieren. Das nennen wir „Overstreß-Syndrom".

In der ersten Phase dieser Dekompensation entsteht eine Plus-Symptomatik. Bei leichterer Ermüdung reagiert man schon auf banale Milieureize mit Aggression und Affektausbruch. Erst in der zweiten Phase reagiert man mit Gleichgültigkeit und Apathie. In der ersten Phase der Dekompensation präsentiert das Overstreß-Syndrom drei Effekte:

1. Die Reizschwelle für alle somatischen und psychischen Reize ist erniedrigt. Man reagiert überschießend, mit einer maximalen Response. Eine Wetterverschiebung löst beträchtliche Reaktionen aus, Kopfschmerzen, Migräne, Herzbeklemmungen usw. Eine geringe Meinungsverschiedenheit bei einer Diskussion führt zu höchst dramatischen Reaktionen, die in keiner Relation zur Reizschwelle stehen.

2. Der Überdauerungseffekt: Eine affektiv-emotionale Response auf minimale Reize führt infolge unzureichender Feedbackkontrolle zur lange andauernden Symptomproduktion. Ein erlittener Ärger führt zu einer Mißstimmung mit Appetitlosigkeit zur Mittagszeit und zu einer Schlafstörung am Abend.

3. Der Irradiationseffekt: Ein morgendliches Unbehagen durch trockenen Mund expandiert zu einem Reizhusten, schließlich zu einem Beklemmungsgefühl über dem Herzen

mit Angst. Diese ist gefolgt von einer Hyperhydrose der Handflächen. Diese Irradiation der vegetativen Symptomatik kann sich bis zu Magenkrämpfen und Obstipationen ausweiten. Auch bei diesem Irradiationsphänomen ist ein stiller Ausgleich über Feedbackregulation nicht mehr möglich. Wiederholen sich solche Irradiationsphasen, dann kommt automatisch die Angst hinzu, an einer schweren organischen Krankheit zu leiden. Das Beschwerdebild an sich ist uncharakteristisch und ist weder neurologisch noch psychologisch einem spezifischen Muster zuzuordnen. Erregungsphasen, Angst, Kopfschmerzen, Schwindel, schmerzhafte Darmkrämpfe, Schlafstörungen wechseln in bunter Folge.

Als kausale Faktoren kommen berufliche Rangordnungskämpfe, Leistungsüberforderung in Beruf und Familie, Reizüberflutungen durch Nichteinhalten einer biologischen Distanz im Arbeits- oder Erholungsmilieu, Vernachlässigung des Tag- und Nachtrhythmus mit wechselnder Leistungs- und Schlafphase (Krankenschwestern, Ärzte), ferner intensive optische und akustische Reizüberflutungen.

Normalerweise laufen vegetativ-affektiv-emotionale Funktionen in gleitender Schaltung ab. Gleitende Schaltvorgänge sind ökonomisch optimal gesteuert. Der gesamte zirkadiane Rhythmus läuft in gleitender Schaltung ab. Übergänge zwischen Tag und Nacht, Sommer und Winter stellen Urmodelle der gleitenden Schaltung dar. Beim Menschen gibt es kollektiv wie individuell pathologische Phänomene, die Selbach als „Kippvorgänge" beschrieben hat. Eine Synkope, d. h. eine plötzliche Bewußtlosigkeit, repräsentiert einen solchen Kippvorgang. Auch der epileptische Entladungsanfall ist so ein Kippvorgang – allerdings mit anderen Symptomen. Die Synkope ist ein plötzlicher Verlust der Aktionsfähigkeit, und der epileptische Anfall ist eine explosive Maximal-Entladung. Im menschlichen Kollektiv könnte man den letzten Krieg als Kippvorgang in eine archaische Verhaltensweise bezeichnen. Der biologische Sinn von Kippvorgängen liegt darin, daß sie immer auftreten, wenn ein stiller Ausgleich mittels gleitender Schaltung nicht geschaffen werden kann. Es ist zwar gegen jede vernunftmäßige Einsicht, denn die gleitende Schaltung ist das Urmodell unserer Welt, aber bei zu großem Belastungsdruck kann es beim Einzelmenschen wie beim Kollektiv zur Auslösung von Kippvorgängen kommen. Solche Kippvorgänge stellen im Prinzip immer wieder ein harmonisches Gleichgewicht her.

Im Sektor der vegetativ-affektiv-emotionalen Funktion treten solche Kippvorgänge als vegetative Anfälle auf. Meist kommt es in der Nacht zu Anfällen, bei denen die Kranken eine ausgesprochene Lebensangst und ein Vernichtungsgefühl empfinden. Die Dauer schwankt zwischen 15 und 60 Minuten. Sie treten meist in den REM-Phasen (Traumphasen) auf und stellen einen Kippvorgang durch erhöhte NA-Aktivität dar. Der Neurochirurg Penfield hat sie als erster beschrieben. Klinisch sind sie eine Entgleisung der biochemischen Balance. Sie stellen eine Sonderform des Overstreß-Syndroms dar.

Eine zweite Form von vegetativen Entgleisungen sind die sogenannten synkopalen Anfälle (Schulte). Es kommt zu verschieden langer Bewußtlosigkeit, meist mit Blutdruckabfall.

Therapie

Diese vegetativen Dekompensationsphänomene sind das Resultat einer länger dauernden Überforderung, wobei affektiv-emotionale Dauerreize genauso pathogenetisch sein können wie somatische Überlastungen. Auch chronische Infekte, chronischer Konsum von noradrenergen Stimulantien (Kaffee, Amphetamin) führen zu einer Irritationsphase mit Plus-Symptomen. Therapeutische Maßnahmen können sinnvoll erst begonnen werden, wenn man den entscheidenden Auslöser durch eine Motivanalyse freigelegt hat. Ein Mann, der sich in einem ehelichen Konflikt befindet, weil ihm die Sekretärin, mit der er in Kontakt steht, die Hölle heiß macht und ihn zu einer Scheidung zwingen will, wird kaum durch Konsum von Tranquilizern rehabilitiert werden. Ein leitender Beamter oder ein Generaldirektor eines Betriebes, der durch seine Aufgabe überfordert ist, muß über die Ursache seiner vegetativen Entgleisungen unterrichtet werden. Man muß ihm klar auseinandersetzen, daß er die Wahl hat, seine beruflichen Ambitionen zu reduzieren oder an einem Herzinfarkt zugrunde zu gehen. Ein Spitzensportler, der durch intensives Training sein vegetatives Energiekontingent überzieht, beginnt an Schlafstörungen, Schweißausbrüchen, Erregungszuständen usw. zu leiden. Er muß sein Trainingsprogramm reduzieren oder den Kampfsport vorübergehend einstellen.

Solche psychotherapeutischen Ratschläge führen aber nicht von einem Tag auf den anderen zu einer biochemischen Balance zurück, sondern vorhandene Fehlsteuerungen wie Schlaflosigkeit, Herzklopfen, Schweißausbrüche, Angst, die einmal durch minimale Auslöser aufgetreten sind, laufen nach dem Schema der bedingten Reflexe weiterhin ab, auch wenn man den kausalen Faktor ausgeschaltet hat. In der ersten Phase der Therapie benötigt man unbedingt Tranquilizer, die den ganzen vegetativ-affektiven Computer ruhigstellen, gleichsam mit gedämpfter Schwingung ablaufen lassen. Die Fülle der gesamten Diazepam-Derivate (Valium, Lexotanil, Temesta, Praxiten, Merlit, Anxiolit in niedriger Dosierung) kann den Weg der Rekompensation verkürzen. Eine psychotherapeutische Führung ist gelegentlich hilfreich, wobei der Schwerpunkt in der Aufklärung über die biologischen Regeln der Balance zwischen Energieverbrauch und Energieaufbau interpretiert werden muß.

Dekompensationsphasen treten natürlich besonders in der Leistungsphase des Menschen auf (zwischen 25 und 60 Jahren). Aber der dämonische Leistungsdrang tritt uns heute auch schon in der Pubertätsphase entgegen. Besonders das Training Jugendlicher zu sportlichen Höchstleistungen (Schwimmen, Eiskunstlauf) wird von Eltern und sportlichen

Trainern massiv überdosiert, so daß ein Overstreß-Syndrom auch bei Jugendlichen keine Seltenheit mehr darstellt. Der einzige Unterschied zwischen jungen und alten Menschen besteht darin, daß bei Jugendlichen durch vernünftige Lebensweise rasch eine Rekompensation erzielt werden kann. Bei den vegetativen Anfällen ist bei den Penfield-Anfällen akut am wirksamsten eine Injektion von 10 mg Valium i. m. Als Dauermaßnahmen eignen sich Tranquilizer weniger, weil sie oft zur Gewöhnung führen. Sie führen meist nicht zur Sucht im psychiatrischen Sinn, aber zu einer Gewöhnung. Nach dem Absetzen dieser Medikamente treten die Reizsymptome wieder vermehrt in Erscheinung. Ich empfehle daher stets sedierende Antidepressiva wie Saroten, Tryptizol, Sinequan, Tolvon (10 mg). Da bei antidepressiven Medikamenten nie Gewöhnung oder Sucheffekte auftreten, kann man sie entsprechend lange fortsetzen. Bei den synkopalen Anfällen nach Schulte gebe ich akut gar nichts, weil der Kranke, wenn er zu Bewußtsein kommt, keine Mißempfindungen hat. Als Dauerbehandlung empfehle ich Antidepressiva mit NA-Stimulierung (Tofranil, 10 bis 25 mg morgens, Noveril, 80 mg morgens und mittags).

Magersucht und Fettsucht

Die sogenannte Anorexia nervosa, auch heute noch oft als psychogene Magersucht junger Mädchen angesprochen, ist primär eine vegetativ-affektive Entgleisung. Meist sind Mädchen zwischen 12 und 18 Jahren davon betroffen. Sie leiden unter Appetitverlust, Obstipationen, Schlafstörungen, Müdigkeit, reduzierter körperlicher und geistiger Leistungsfähigkeit. Objektiv findet man eine extrem trockene, atrophische Haut, völligen Schwund der Fettpolster, kühle Akren, glanzlose Haare, brüchige Nägel, herabgesetzten Muskeltonus und reduzierte Sehnenreflexe. Das emotionale Engagement ist reduziert, die Gemütsaffizierbarkeit ist herabgesetzt. Von der Psychoanalyse wurden psychisch dynamische Aspekte in den Vordergrund gestellt. Es soll nicht geleugnet werden, daß psychische Traumen Auslöser einer biochemischen Balancestörung sein können. Die dramatische Fixierung, daß ein frühkindliches Trauma immer als Ursache anzuschuldigen ist, ist sicher nicht mehr vertretbar. Die Metaboliten der Neurotransmitter im Harn präsentieren stark reduzierte Werte. Die Ursache liegt in einer reduzierten Umsatzrate.

Die gleiche Magersucht kann man bei Parkinson-Spätformen sehen. Der Unterschied zwischen Pubertätsmagersucht und Magersucht des Parkinson-Kranken liegt darin, daß bei letzterer keine Appetitlosigkeit, sondern sogar eine gesteigerte Eßlust besteht. Das Körpergewicht sinkt aber bei beiden Syndromen ständig ab. Eine besondere Ausprägung depressiver Verstimmungen wird beim Parkinson-Kranken nicht beobachtet. Man kann annehmen, daß die Therapie mit Dopamimetika zu erhöhter DA-Aktivität eventuell hypothalamischer Systeme des Hunger- bzw. Sättigungszentrums führen.

Die Medikation von DA-Agonisten (Umprel, Dopergin, Parlodel) führt zu einer Drosselung der Milchproduktion, aber auch zur Reduktion des Körpergewichtes. Stimulierung des ergotropen Arbeitsganges führt zur Gewichtsabnahme und im Extremfall zur Magersucht.

Therapie der Wahl ist die orale Zufuhr von L-Tryptophan, dreimal 1000 mg täglich, oder Infusionen von einmal 3000 mg täglich. Da eine antidepressive Behandlung mit sedierenden Antidepressiva sehr oft zu einer Zunahme des Gewichtes führt, ist bei der Pubertätsmagersucht eine Kombination von Tryptophan und Amitriptylin durchzuführen. In vier ganz verzweifelten Fällen habe ich eine E-Schock-Behandlung durchgeführt, nachdem sonst nur Therapieversager erzielt wurden und damit eine Umstellung der biochemischen Balance mit Gewichtszunahme und Genesung erzielt.

Neurosen

Kaum ein Wort bzw. eine Diagnose wird in der Medizin so häufig benützt wie das Wort „Neurose". Daß die Neurose eine Krankheit ist, darüber herrscht heute ziemlich Einigkeit. Aber was für eine Krankheit? Ist eine Magenneurose mit der berühmten hyperaziden Gastritis eine somatische Erkrankung? Ist eine Herzneurose eine Krankheit des Herzens oder ein psychischer Defekt? Ist Asthma eine somatische oder eine psychische Krankheit? Bei Asthma neigen Lungenfachärzte zur Ansicht, einen Krampf der Bronchialmuskulatur und eine Steigerung der Schleimsekretion als somatisches Korrelat der Krankheit anzusehen. Anderseits wissen wir, daß der Trigger eines Asthmaanfalles häufig ein psychischer Konflikt ist. Ein banales Beispiel: Die Eltern gehen abends weg und lassen das Kind allein zu Hause. Die Folge ist ein Asthmaanfall. Aber auch eine Wetterverschiebung, ein Ereignis, das die vegetativen Rezeptoren stimuliert, kann anfallsauslösend sein. Schließlich gibt es eine Fülle von chemischen und biologischen Antigenen, die anfallsauslösend sein können. Ist die Potenzstörung im Rahmen einer Depression noch ein psychisches oder ein somatisches Symptom? Weder − noch! Sondern sie ist eine bestimmte Inbalance bestimmter biochemischer Neurotransmitter.
    Was führt nun zu dieser Zivilisationskrankheit Neurose? Da sämtliche neurotischen Symptome meist endogen ausgelöst werden, wie eine neurotische Schlaflosigkeit oder eine neurotische Erektionsschwäche oder die berühmte Ejaculatio praecox oder neurotische Hitzegefühle − vorwiegend im Gesicht (Flush), − immer sind es vegetativ-affektive Entgleisungen, d. h. Symptome, die entweder psychisch erlebt wer-

den (z. B. eine unmotivierte Angst), die allerdings auch eine mögliche Projektion nach außen zur Folge haben können: Angst vor Blitz, die Angst, eine Straße zu überqueren, Angst in geschlossenen Räumen (Theater, Kino) — oder aber es treten primär vegetative Entgleisungen (z. B. Herzklopfen) auf, die sekundär Angst und Schweißausbrüche auslösen.

Unabhängig, ob man von Kernneurosen oder von Randneurosen spricht, ob man frühkindliche Traumen genetisch anschuldigt: Wir nehmen an, daß alle neurotischen Symptome das Resultat eines unkontrollierten Neurotransmitter-Ausstoßes sind. Ein Neurotransmitter-Ausstoß kann noradrenerge Symptome auslösen, Angst, Blutdrucksteigerung, Schlaflosigkeit. Ein DA-Ausstoß kann zu einer Agitiertheit, zu einer Unruhe („Zappelphilipp", Akathisie) führen. Ein 5-HT-Ausstoß löst Hitzewallungen mit Flush, Magen-Darm-Krämpfe, Frequenzsteigerung des Harndranges (Reizblase) oder auch kleine Nickerchen mit Tonusverlust aus. Jedes neurotische Symptom scheint auf einer unkontrollierten Freisetzung eines Neurotransmitters zu beruhen. Dieser Effekt führt zu einem Verlust der biochemischen Homöostase. Das pathologische Phänomen des neurotischen Komplexes besteht in der Unfähigkeit, im stillen Ausgleich durch Feedbackmechanismen diesen Balanceverlust wieder zu normalisieren.

Für die Neurose ist charakteristisch, daß schon eine minimale Blutdrucksenkung zu Unsicherheit, Schwindel und Müdigkeit führt, weil die noradrenerge Rückkopplung ausbleibt. Als Ursache ist eine genetisch bedingte, erniedrigte Reizschwelle als unmittelbarer Auslöser von pathologischen Empfindlichkeitsreaktionen anzusprechen. Es sind die Menschen, die bei der Anamnese erzählen: „... ich war immer schon ein sehr sensibles Kind. Bei jeder Kleinigkeit habe ich geweint, hatte ich Angst, fühlte mich ungerecht behandelt", usw. Diese Hypersensitivität basiert auf dem individuellen genetischen Code. Die gleichen Symptome können aber auch bei völlig stabilen Konstitutionen nach schweren Schäden

(Enzephalitis, schwere Commotio cerebri) oder nach langdauernden streßgeladenen Arbeitsüberforderungen auftreten. Es soll hier gar nicht diskutiert werden, ob ein Asthmaanfall in der analytischen Deutung ein unbewußter Schrei nach der Mutterbrust ist, sondern es soll einfach festgestellt werden, daß z. B. eine unkontrollierte Serotonin- oder Histaminfreisetzung zu einem Krampf der Bronchialmuskulatur und zu einer Sekretsteigerung führt, die durch Medikation eines noradrenergen Medikamentes bzw. Rezeptorblockade beseitigt werden kann. Als Auslöser kommen Wetterverschiebungen, vor allem mit niedrigem Luftdruck, hoher Luftfeuchtigkeit und Kälte in Betracht. Aber auch psychische Reize wie auch Irritationen diverser Rezeptoren in der Bronchialschleimhaut (Blütenstaub) haben Auslöserfunktion. Sowohl psychische als auch organische Auslöser treten in vielfältiger Variation auf. Einheitlich ist aber immer die biochemische Reaktion. Die unzureichende biochemische Adaptationsfähigkeit des neurotischen Organismus kann durch alle möglichen Defekte ausgelöst werden.

Unzureichende Synthese und Speicherung der verschiedenen Neurotransmitter, eine beschleunigte Umsetzrate können in der konkreten Situation zur Auslösung von Symptomen führen. Auch die variablen Sensitivitätsverhältnisse an den Rezeptoren sind fallweise an ausbleibenden, unzureichenden oder überschießenden Reaktionen schuld.

Nach unserem Modell ist die Neurose eine pathologische Reaktion auf endogene oder exogene Auslöser, die durch genetische oder konditionelle Defekte verursacht sind und durch die verschiedenen Feedbackkorrekturen nicht kompensiert werden können. Nach unseren derzeitigen Erkenntnissen von der Funktion der Neurotransmitter ist es nur eine Frage der Zeit, mit gezielten Maßnahmen die gestörten Funktionen der Neuronenaktivität zu normalisieren und die Störsymptome zu beseitigen.

Psychotherapeutische Maßnahmen gehören ebenfalls zu den verwendeten therapeutischen Strategien. Diese stehen aber unseres Erachtens in keinem Widerspruch zu dem hier beschriebenen biologischen Konzept. Wir meinen, daß *die Psychotherapie die mildeste Form der Psychopharmakotherapie, die Placebobehandlung die mildeste Form der Psychotherapie ist.*

Für diese Annahme sprechen auch neuere Untersuchungen, welche die Übertragung von Schallwellen auf Neurotransmittersysteme nachweisen. Damit ist ein direkter Zusammenhang zwischen Sprache, Sprachmodulation usw., biochemischer Verarbeitung und Psychotherapie gegeben.

Psychopathien

Während bei der Neurose hauptsächlich der Kranke leidet, leidet durch den Psychopathen hauptsächlich die Umwelt. Der Neurotiker hat einen biochemischen Balanceverlust, der seine Empfindung und Erlebnisfähigkeit pathologisch verändert bzw. verzerrt. Der Psychopath hat eine biochemische Strukturläsion, als deren Folge unzureichende Anpassungsleistungen an seine Umwelt resultieren. Die abnormen psychopathischen Verhaltensweisen konnte ich vorwiegend an den veränderten Verhaltensweisen der Hirnstammverletzten des letzten Weltkrieges und an den krankhaften Reaktionen der Parkinson-Kranken in den letzten Dezennien studieren. Sowohl bei den Hirnverletzten wie bei Parkinson-Kranken kann man z. B. aggressive Entgleisungen beobachten, die mit dem prämorbiden Charakter der Patienten nicht in Einklang zu bringen waren. Eine Parkinson-Patientin meiner Abteilung hatte aggressive Krisen, indem sie aus ihrem Zimmer fortlief und stereotyp das vor dem Pavillon stehende Auto eines Oberarztes mit einer Feile zerkratzte. Zur Rede gestellt, verantwortete sich die Patientin damit, daß ein unwiderstehlicher Zwang auftrat, der eine Kontrolle bzw. eine Hemmung der Handlung nicht zuließ. – Die Klagen von familiären Pflegepersonen über Aggressionen der Ehepartner sind in vielen Krankenberichten gar nicht so selten. Eine besondere Aggressionskrise zeigte ein Parkinson-Kranker meiner Abteilung. Normalerweise zeigte er ein friedliches, angepaßtes Verhalten. In verschiedenen Zeitphasen erfaßte ihn eine krankhafte Unruhe; ziellos wanderte er umher, als Endhandlung schließlich startete er eine homosexuelle Attacke auf einen jugendlichen Mitpatienten; am nächsten Tag war er wieder der friedlichste, hilfreiche, ausgeglichene Patient. –

Nachdem wir durch biochemische Analysen unserer Parkinson-Kranken den Verlust der biochemischen Balance der verschiedenen Neurotransmitter aufzeigen konnten, sind die diversen psychopathischen Reaktionen meist als biochemische Dekompensation zu deuten und mit entsprechenden Medikamenten zu kompensieren. Ohne Kenntnis der Vorgeschichte könnte man solche abwegige Verhaltensweisen zwanglos als Ausdruck psychopathischer Charakterstrukturen ansehen. Diese — im Rahmen von Enzephalitis, Parkinson-Syndrom und Hirnstammverletzungen aufscheinenden — psychischen Verhaltensweisen, die von der Norm abweichen, zeigen jedenfalls an, daß die Summe unseres zwischenmenschlichen Verhaltens von den Strukturen unseres Hirnstammes gesteuert bzw. fehlgesteuert werden.

Der ausgezeichnete deutsche Psychiater Kurt Schneider hat vor Jahrzehnten eine Einteilung der Psychopathen nach ihren hervorstechendsten pathologischen Verhaltensweisen versucht. Diese half phänomenologisch, aber nicht genetisch weiter. Genetisch kann man, wie bei jeder Frage, diskutieren über einen erblichen Defekt im genetischen Code oder über Milieuschäden im weitesten Sinn, von der frühkindlichen Enzephalitis bis zur schweren Hirnstammverletzung im jugendlichen Alter. Wenn wir die frühkindlichen Enzephalitiden zu den vom Milieu ausgehenden Charakterveränderungen einreihen, dann müssen wir allerdings die pränatalen Schäden durch Virusinfektionen der graviden Mutter oder durch toxische Schäden während der Schwangerschaft (Nikotin, Alkohol, Tranquilizer) in Rechnung stellen. Bemerkenswert ist jedenfalls, daß relativ häufig in völlig intakten Familien ein schwarzes Schaf (also ein von der normalen Wertungsskala abweichendes Individuum) aufscheint. Aufgrund meiner klinischen Erfahrung neige ich zur Auffassung, daß der Psychopathie eine Läsion im Hirnstammbereich zugrunde liegt, die in irgendeiner Phase seiner Evolution entstanden ist. Entscheidend ist, in welcher Phase die Läsion den Entwicklungsprozeß betroffen hat. Eine Hirnstammläsion eines

Jugendlichen (20 bis 30 Jahre) produziert meist Minussymptome, also eine Reduktion der geistigen, psychischen und somatischen Leistungsbereitschaft und Leistungsfähigkeit.

Bei Kleinkindern sieht man nicht selten ungezügelte Aggressionshandlungen, die unkontrolliert ablaufen, die aber auch keinerlei Reue oder Gemütserregung erkennen lassen. Reaktionen der Reue sind ja die kleinsten Versuche, durch Feedback die Ausgangslage wieder herzustellen. Solche Kinder sekkieren oder martern Tiere, jüngere oder schwächere Kinder, man könnte pathetisch sagen: „bis aufs Blut", ohne daß sie irgendeine Gemütsreaktion empfinden. Bei diesen Fällen ist es naheliegend, den Defekt bei solchen Verhaltensweisen als eine ungehemmte, fast epileptiforme Freisetzung aggressionsstimulierender Neurotransmitter anzusprechen.

Als rein hypothetisch wäre eine fantastisch anmutende Hypothese anzubieten. Man weiß zwar heute noch nicht, ob die embryonale Entwicklung der verschiedenen Neurotransmitter (DA, NA, 5-HT usw.) zum gleichen Zeitpunkt der Entwicklung stattfindet. Es ist aber sicher nicht abwegig, wenn man während der embryonalen Phase eine Dominanz parasympathischer bzw. serotonerger Aktivität gegenüber den Leistungen, z. B. der dopaminergen und noradrenergen Neurotransmitter, annimmt. Alkohol, Drogenmißbrauch usw. sind in dieser kritischen Phase der Entwicklung von Neuronensystemen geeignet, Störungen zu verursachen, so daß im späteren Leben die Adaptationskapazität, biochemische Entgleisungen im Organismus zu neutralisieren, unzureichend ist. Wir müssen die wesentlichen Ursachen des späteren psychopathischen Verhaltens in der pränatalen Phase erforschen. Denn in dieser Phase erlebt auch schon der Embryo alle Funktionen der Lust und Unlust. Eine physiologische Reifung der Neuronensysteme und ihrer übergeordneten Kybernetik ermöglicht in dieser Lebensphase die Entwicklung störungsfreier motorischer, affektiver und vegetativer Funktionen.

Da man heute im Ultraschall motorische Funktionen des Embryos weitgehend beobachten kann, sind wir überzeugt, daß durch weitere Forschungen auch Aberrationen des Verhaltens als Ausdruck gestörter Neuronenreifung aufgezeigt werden. Bis jetzt ist es bei der Therapie von Psychopathen leider so, daß wir Fehlhaltungen und Fehlhandlungen erst nach erfolgter Läsion zu korrigieren versuchen.

Rein klinisch kann man zwei Grundprinzipien des psychopathischen Verhaltens aufzeigen:
1. die Hyperaktiven, mit gesteigerter Aggression, mit gesteigertem Leistungsbedürfnis und mit hemmungslosem Machtstreben;
2. die sensitiv überempfindlichen Hypoaktiven, deren Antriebsaggregate im psychischen wie im körperlichen stark reduziert sind. Sie leiden unter ihrem Leistungsdefizit und sind rasch bereit, ihre Schwäche auf die Umwelt zu projizieren.

In unserem biochemischen Konzept lassen sich beide Gruppen leicht einordnen. Die hyperaktiven Psychopathen sind durch eine gesteigerte katecholaminerge Aktivität charakterisiert. Diese ist jedoch durch keine hemmende neuronale Kontrolle gebremst. Gerade diese fehlende Feedbackreaktion ist das pathogene Element im psychopathischen Verhalten. Wie oft haben wir schon – wenn uns jemand sehr getroffen oder gekränkt hat – den Satz ausgestoßen: „Den Kerl möcht' ich umbringen." Wir haben es aber nicht getan, weil unsere biochemische Kontrolle die richtige Balance wiederhergestellt hat. Unkontrollierte Aktivitätssteigerung jedes Neurotransmitters führt immer zu pathologischem Befinden oder Verhalten.

Wir glauben, daß pränatale Schädigung auch durch virale Infekte oder durch toxische Einflüsse als kausale Faktoren angeschuldigt werden können. Dafür spricht die merkliche Zunahme der psychopathischen Kinder und Jugendlichen. Natürlich wäre auch die Gametopathie, d. h. Schäden im Genmuster, fallweise als Verursacher anzusehen.

Das würde für die wenigen hereditären Psychopathen sprechen.

Der moderne Mensch hat kollektiv zwei Grundeigenschaften:
1. eine Unfähigkeit, Unlustempfindungen zu ertragen,
2. eine gesteigerte Begehrlichkeit, vom Staat oder von der Gesellschaft alles zu verlangen, was ihn aus der Unlustphase herausführt. Vor der Alternative, den Sektor der Psychopharmaka vom Patienten selbst bezahlen zu lassen oder die Leistungskapazität der arbeitenden, schwangeren Frau drastisch zu verkürzen, möchten wir die zweite Möglichkeit als zielführender vorschlagen.

Eine Sonderform des psychopathischen Verhaltens erfordert eine spezielle Skizzierung, nämlich die Suchtkrankheit.

Am besten versteht man eine Sucht, wenn man sich das von Olds und Miller demonstrierte Tier-Experiment vor Augen hält. Diese Autoren führten in Rattengehirnen kleine Metallelektroden ein und trainierten den Ratten einen bedingten Reflex. Durch einen Druck auf einen Hebel aktivierten die Ratten einen Kurzwellensender, der einen Stromstoß in das Gehirn bzw. in die implantierten Metallelektroden sendete. Die in verschiedenen Regionen plazierten Elektroden lösten durch die elektrische Stimulierung Lust und im verminderten Ausmaß Unlustempfindungen aus. Die Lustempfindung war dabei so maximal, daß die Tiere auf Futter und Sex vollkommen verzichteten und sich täglich über 1000 Reize zufügten, bis zum völligen Verhungern. Die Instinkte zur Lebens- und Arterhaltung waren völlig ausgeschaltet. Dieses Verhalten spiegelt das biologische Urmodell der Sucht.

Interessant ist, daß Untersuchungen in der letzten Zeit ergeben haben, daß die meisten Lustregionen vermehrt DA enthalten. Der Überträgerstoff des höchsten Lustgefühles, des Orgasmus, ist gleichfalls DA, welches im Septum pellucidum beim Orgasmus freigesetzt wird. Beim Menschen ist der größte Prozentsatz der Suchtkranken im Bereich des Alkohols zu finden. Nun ist die biochemische Reaktion, die der Alkohol im ZNS auslöst, fraglos eine vermehrte Freisetzung von biogenen Aminen. Die Response ist zunächst eine emotionale Beruhigung („Wer Sorgen hat, hat auch Liqueur" — Wilhelm Busch). Das Flush-Phänomen (rotes Gesicht), Schweißausbrüche, gesteigerter Appetit, Müdigkeit, verlangsamte Reaktionsfähigkeit, Gleichgewichtsstörungen und Schlaf sind weitere Reaktionen einer Alkoholvergiftung. Alkohol ist sicher das älteste Psychopharmakon. Nur wurde in der Frühzeit der Menschheit der Konsum von Priestern gesteuert, und die rituellen Vorschriften haben zweifellos einen Überkonsum verboten. Nicht das Trinken von Alkohol an sich ist ein psychopathisches Symptom, sondern die Abhängigkeit vom Alkohol, der Zwang, trinken zu müssen. Aggressive Handlungen unter Alkoholeinwirkung sind wahrscheinlich überschießende, unkontrollierte katecholaminerge Reaktionen. Solche Aggressionen richten sich meist gegen den schwächeren Partner. Beim Autofahren auf den Radfahrer und Fußgeher, in der Ehe auf die Ehefrau oder die Kinder und im Betrieb auf das schwächste Omegatierchen. Von den verschiedenen Typen wollen wir nur eine hervorheben. Das ist der periodische Trinker. Hinter dieser periodischen Trunksucht steht immer eine biochemische Entgleisung nach Art der larvierten Depression. Sie ist — meiner Erfahrung nach — die einzige Form der Trunksucht, die man therapeutisch erfolgreich behandeln kann.

Eine spezifische Entwicklungsstörung, die zu einem Defekt der Herzkammer geführt hat, die zu einem Ausbleiben der Schließung des Neuralrohres oder der Harnröhre geführt hat, ist heute durch geniale Operationen häufig zu korrigieren. Eine Entwicklungsstörung im menschlichen Verhalten, die durch unzureichende Feedbackmechanismen unserer Neurotransmitter, die ja unser Verhalten regulieren, besteht, ist äußerst unbefriedigend zu behandeln. Die verschiedenen sozialen Einrichtungen sind zwar bewundernswert, aber die therapeutische Erfolgsquote liegt im Verhältnis zum Einsatz sehr niedrig. Ein interessantes soziologisches Phänomen ist zu erwähnen. Eine Zunahme des sozialen Wohlstandes führte nicht zur Befriedigung der Bevölkerung, sondern zum Anstieg der Begehrlichkeit. Dieser Anstieg führt dann häufig dazu, daß die Leistungsgrenze der individuellen Kapazität überfordert wird, ein Breakdown unseres biochemisch gesteuerten affektiven Befindens und emotionalen Verhaltens.

Alle restriktiven Verfahren sind in einer demokratischen Gesellschaft undurchführbar. Man kann eben nicht alle Heroin-Dealer einsperren und den Weinbau verbieten.

Ein Gedanke wäre diskussionsberechtigt. Wir haben in Wien verschiedene geschützte Werkstätten (Jugend am Werk), in denen hirngeschädigte Jugendliche den ganzen Tag sinnvoll verbringen, unter Führung von alten Handwerksmeistern. Das Leben dieser Menschen spielt sich auf einem viel niedrigeren Niveau ab als das der Normalen. Die langen Anfahrtswege, die in der Großstadt belastend sind, und andere Unbequemlichkeiten behindern keinesfalls den regelmäßigen Besuch dieser arbeitstherapeutischen Stellen. Es bildet sich eine biologische Gemeinschaft heraus, in der gegenseitige Hilfe und Rücksichtnahme auf den Nächsten, der gleichfalls schwer behindert ist, zum alltäglichen Verhalten gehören. Jetzt taucht die Frage auf, ob eine artifizielle soziale Gemeinschaft, die bei schwer hirngeschädigten Menschen erfolgreich ist, nicht auch bei minder geschädigten Menschen unserer Gemeinschaft zu organisieren wäre. Die Mitarbeit müßte natürlich freiwillig sein und nicht durch Zwangseinweisung erfolgen. Auch die Freiheitsgrade müßten variabel sein. Ein Trinker, der am Freitag seinen Wochenlohn im nächsten Gasthaus vertrinkt, müßte seinen Lohn über die Frau erhalten. Ein anderer, der in der Freizeit trinkt, müßte in Clubs sein Kommunikationsbedürfnis konsumieren, und die ganz Widerstandslosen, besonders anfallsartige Trinker, müßten in einer geschlossenen Gemeinschaft wohnen und arbeiten. Das sind natürlich utopische Vorschläge, aber der therapeutisch engagierte Arzt steht den Problemen des Psychopathen, des Süchtigen oder des Lebensschwachen an sich hilflos gegenüber.

Eine gezielte biochemische Therapie ist nur kurzfristig, nicht aber langfristig möglich, weil das kybernetische Zusammenspiel von Neuronensystemen beim Psychopathen grundsätzlich gestört ist und meist in völlig unberechenbarer Form reagiert.

Neurotransmitter im Alter

Der Anteil der alten Menschen steigt auf der ganzen Welt und damit natürlich auch die Zahl der Kranken.

Da alte Menschen ganz selten nur an *einem* Leiden erkrankt sind, ist es für den praktischen Arzt nicht ganz leicht, bei der Auswahl der notwendigen Medikamente Prioritäten zu setzen. Theoretisch benötigen die meisten alten Menschen Medikamente für den Schlaf, für den Kreislauf, gegen Gelenksschmerzen, gegen Depressionen, gegen die Vergeßlichkeit, gegen die Müdigkeit usw.

Die biologische Involution kann man am besten verstehen, wenn man sie mit der biologischen Evolution vergleicht. Der Säugling hat als ersten Schlüsselreiz die Geruchsempfindung der Muttermilch und die Tastempfindung der Brustwarze. Diese lösen den Saugakt aus, was neben der notwendigen Nahrungsaufnahme auch zur ersten Lustempfindung führt. Die zweite Funktion der Umweltbewältigung ist durch den Greifakt repräsentiert. Der Säugling ergreift alles, was er mit den Händen erreicht, und führt es zum Mund — als erste orale Leerlaufhandlung —, oder er schleudert es zu Boden — als erste aggressive Handlung. Seine sinnlich wahrnehmbare Welt ist durch den Greifraum begrenzt. Daher greift er nach dem am Fenster vorbeiziehenden Mond, der sich ihm in der Greifschale projiziert. Als nächsten Entwicklungssprung entdeckt er das Kriechen als Fortbewegung zur Erweiterung seines Territoriums. Es ist dies gleichsam ein kindlicher Archetypus des Nomadenlebens. Ist der kindliche Bewegungsraum beschränkt — z. B. durch eine Gehschule —, dann richtet sich das Kleinkind an den Sprossen auf und erlangt früher die Steh- und Gehfähigkeit, d. h., durch die Frustration des horizontalen Eroberns entsteht eine neue Raumdimension in die

Senkrechte. Die Bewältigung dieser sinnesmäßig gegebenen Wirkschalen als Begegnungsfelder des Lebewesens mit seiner Umwelt nimmt mit der fortschreitenden Entwicklung zu.

Die Bewältigung der Umwelt durch die intellektuellen Fähigkeiten führen den ausgewachsenen Menschen bis an die Grenzen des Makro- und Mikrokosmos.

Am biologischen Kulminationspunkt der Lebenskurve – etwa um das 50. Lebensjahr – engen sich seine Wirkfelder ein. Zunächst langsam, dann in einer immer steiler abfallenden Kurve. Zunächst kommt es zur Reduktion der motorischen Leistung. Ein 50jähriger wird keinen Weltrekord mehr aufstellen. Bei der sexuellen Aktion sinkt sowohl die Libido wie die Potenz. Das Bedürfnis nach affektiver Bindung wird geringer. Echte Freundschaften entstehen nur mehr selten. Auch der geistige Horizont engt sich ein. Das Interessensfeld, das Bedürfnis, neue Länder, neue geistige Inhalte zu bewältigen, wird geringer. Letzten Endes wird der alte Mensch zu einer Wiederholung der oral-analen Funktionsschiene des Säuglings.

Wodurch entsteht diese Einengung der motorischen, affektiven und geistigen Wirkfelder?

Unser Gehirn besteht aus dem Hirnstamm, dem phylogenetisch ältesten Teil, quasi der Energiebatterie unseres Befindens und Verhaltens und aus dem Kortex, der Denkhaube unseres Intellektes. Diese Funktionen werden durch Neurotransmitter (Übertragerstoffe) reguliert. *Dopamin* (DA) ist der Übertragerstoff für sämtliche unwillkürlich automatisierten Bewegungen, aber auch für den emotionalen Antrieb. *Noradrenalin* (NA) ist der Übertragerstoff des gesamten sympathischen Nervensystems in der Peripherie des Organismus (Blutdruck, Herzaktion ...). Im Hirnstamm garantiert das NA die Vigilanz, d. h. die Wachsamkeit und die „arousal reaction", die Bewußtseinshelligkeit. *Serotonin* (5-HT) schließlich ist ein Übertragerstoff für die gesamte Verdauung. Im Gehirn ist 5-HT der spezifische schlafauslösende Stoff und wirkt darüber hinaus relaxierend.

Der Neurotransmitter der Denkhaube unseres Gehirns ist das *Acetylcholin* (ACh). Diese Substanz ist auch der klassische parasympathische Neurotransmitter. Im Alter kommt es zu einer beträchtlichen Reduktion der meisten Neurotransmitter des Hirnstammes. Das DA-Defizit führt zu einer Verlangsamung und verschlechterten Koordination, aber auch zu einer Verschlechterung der Körperhaltung. Es besteht ein Trend zur Beugehaltung, da das DA vor allem den aufrechten Stand des Menschen garantiert.

Auch das NA ist im Alter (Locus caeruleus usw.) reduziert. Die Folge davon ist die gestörte Vigilanz, die reduzierte Aufmerksamkeit, die Unfähigkeit auf Milieureize mit einer Steigerung der Bewußtseinshelligkeit zu reagieren. Aber auch die Verlangsamung und Behinderung der Entschluß- und Entscheidungsfähigkeit ist eine Folge des NA-Mangels.

Der 5-HT-Mangel schließlich führt zu einer Verkürzung der Schlafdauer. Besonders charakteristisch für das Alter ist eine mehrfache Unterbrechung des Schlafes. Auch eine Verminderung der sogenannten REM-Phase (rapid eye movement) besteht. Die REM-Phasen sind die Traumphasen des Schlafes, die durch NA ausgelöst werden. Sie stellen eine Feedbackregulation dar, die eine zu lange und zu tiefe Schlafphase korrigiert. In der Peripherie bewirkt der 5-HT-Mangel eine Mundtrockenheit, mangelnden Appetit und Verdauungsstörungen. Der ACh-Mangel betrifft im Alter vorwiegend das Gedächtnis. Aber auch die geistigen Erkenntnisakte und Wahrnehmungsleistungen, Kritik und Urteilsfähigkeit sind betroffen.

Die Ursache der reduzierten Neurotransmitter liegt speziell in einer herabgesetzten Aktivität der synthetisierenden Enzyme; z. B. sind Tyrosinhydroxylase (DA und NA) bzw. Tryptophanhydroxylase (5-HT), Cholinacetyltransferase (CAT) usw. reduziert. Diese Aktivitätsverminderung der Enzyme führt zu einem Absinken der physiologischen Vollzüge. Aber auch viele Neuropeptide sind im Alter vermindert, z. B. Substanz P. Anderseits kommt es im Alter zu Veränderungen der Rezeptorenantwort auf die Transmitterreizung, wodurch Fluktuationen leichter ausgelöst werden.

Bei besonderer Akzentuierung eines Teilaspektes entstehen daraus bekannte Krankheitsbilder. Die Parkinson-Krankheit ist durch ein besonderes Absinken des DA-Niveaus, die Depression durch eine Reduktion von DA, NA und 5-HT, die senile Demenz durch eine fortschreitende Reduktion der cholinergen Aktivität charakterisiert, was zu einem Absinken der intellektuellen Leistung des Gehirns führt.

Summa summarum wird das gesamte biologische Leistungssystem unseres Organismus vermindert. Der alte Mensch hat zu jeder Anpassungsleistung weniger chemische Energie verfügbar. Er ist daher durch jeden Wetterstreß stärker belastet und kann ihn nur unzureichend kompensieren. Auch für Infekte verschiedenster Art hat er keinen aggressiven Abwehrapparat verfügbar. Er ist durch affektive Belastungen leichter aus dem Gleichgewicht zu bringen, weil die kompensierende Feedbackregulation, die durch Transmitter gesteuert wird, nicht im ausreichenden Maß zur Verfügung steht.

Therapeutisch gesehen tritt nun die Frage auf: Wenn schon die Parkinson-Krankheit so erfolgreich mit Dopa und verschiedenen Additivs behandelt werden kann, die Depressionen so positiv mit verschiedenen Antidepressiva neutralisiert werden können — warum wendet man nicht schon längst die gleichen Medikamente — allerdings in geringerer Dosierung — bei den gleichen physiologischen Altersdefekten an?

Tatsächlich sind — nach langjähriger Erfahrung — geringe Dosen Madopar 62,5 bzw. Sinemet 50 mg, ein- bis dreimal täglich, wirksam. Die physiologische Depression des Alters, vor allem die Antriebsschwäche, die Konzentrationsstörung und die Müdigkeit, sind mit antriebssteigernden Antidepressiva erfolgreich zu behandeln. Etwa: Tofranil 10 mg, Noveril 80 mg morgens und Saroten 10 mg, Tryptizol 10 mg, Sinequan 25 mg, Ludiomil 50 mg abends. Ich (W. B.) habe bei alten

Parkinson-Patienten über Jahrzehnte hindurch Antidepressiva, ohne Gewöhnungseffekt und ohne Nebenwirkungen, verabreicht. Dies im Gegensatz zu den vielen Tranquilizern, Schlafmitteln, Schmerztabletten, die zur Gewöhnung führen, was bei Antidepressiva nie auftritt. Man wird bei alten Menschen nicht herumkommen, z. B. bei Angst vor einer Flugreise, Angst vor einer Geburtstagsfeier, Angst vor einem Auftreten in der Öffentlichkeit, eine einmalige Medikation eines Tranquilizers zu empfehlen. Tranquilizer führen beim normalen alten Menschen nicht zu einer Sucht mit dauernder Steigerung der Dosis, wohl aber zu einer Gewöhnung, d. h., solche Menschen können dann ohne Tavor, Lexotanil, Anxiolit usw. nicht schlafen. Es stürzt zwar nicht die Welt ein, wenn ein 80jähriger abends eine Tablette Persumbran einnimmt, d. h., er erleidet keinen dauernden Schaden an seiner Gesundheit. Der Zwang zum Einnehmen ist aber eine Beschränkung seiner Handlungsfreiheit, und deshalb sollten Tranquilizer im Alter nur vorübergehend verordnet werden.

Grundsätzlich ist zur Medikation zu sagen: Alte Menschen reagieren generell langsamer, bei Überdosierung treten aber gleich massive Nebenwirkungen oder unerwünschte Effekte auf. Auf 2 mg Valium reagieren sie nicht, aber auf 5 mg sind sie am nächsten Morgen ganz benommen und schwindlig und können den ganzen Tag nicht ihre erwünschte Vigilanz erreichen. Die Toleranz zwischen Wirkung und Interaktion ist beim alten Menschen kleiner geworden.

Schon viel schwieriger ist die Behandlung der präsenilen Vergeßlichkeit und der konzentrierten Gedankenführung.

In jahrzehntelanger Erprobung in einem geriatrischen Krankenhaus (Neurologische Abteilung) hat sich Encephabol forte bewährt (morgens und mittags je eine Tablette). Patienten und Angehörige stellten eine Zunahme der geistigen Aktivität fest. Die senile Vergeßlichkeit ist eigentlich eine sehr rationelle Reaktion. Die Reduktion der Aufnahmefähigkeit unseres Kortex, speziell unseres Temporallappens, kommt durch die Verminderung der Ganglienzellen zustande. Informationen, die auf uns einströmen, können nicht mehr gespeichert werden, d. h. als biochemisches Engramm gestapelt werden. Nur lebenswichtige Ereignisse werden registriert. Unser Gedächtnis ist eine Leistung, die aus dem Fundus der biochemischen Erinnerungsmatrizen Informationen an die Oberfläche unseres Bewußtseins bringt. Sind die entsprechenden Ganglienzellen zugrunde gegangen, dann sind die Erinnerungsbilder durch nichts zu vergegenwärtigen. Sehr oft jedoch können nach einer entsprechenden Ruhepause (Schlaf oder Entspannung) die Engramme wieder ekphoriert werden, d. h. bewußt werden.

Als zweitwichtigstes Medikament hat sich Nootropil bewährt. Es wird berichtet, daß es die Lernfähigkeit steigert. Gerade die Lernfähigkeit wäre für Senioren nicht so entscheidend, sondern die Erhaltung und Fähigkeit zur Vergegenwärtigung. Gerade bei Funktionsausfällen wie der Bradyphrenie beim Parkinson oder den Konzentrationsstörungen bei Schädel-Hirn-Traumen, der verlangsamten und reduzierten Hirnleistung beim Multi-Infarkt-Syndrom sieht man eindeutige Verbesserungen der gesamten Hirnleistung. In akuten Dekompensationen geben wir Nootropil (3 g als Infusion). Bei ambulanten Patienten verordne ich morgens eine Trinkampulle der gleichen Dosis. Später kann man auf dreimal 400 mg oral reduzieren. Ein anders Medikament dieser Art ist Cerebrolysin.

Hemmstoffe der abbauenden Enzyme (MAO-A und -B und COMT) führen zu einer Anreicherung der Neurotransmitter. So blockiert Deprenyl den Abbau von Dopamin in Dosen von 5 bis 10 mg täglich, Tranylcypromin hemmt den Abbau speziell von NA, ist jedoch nur mit größter Vorsicht zu empfehlen, weil es Blutdruckkrisen auslösen kann. Diese kündigen sich mit starken Kopfschmerzen und innerer Unruhe und Ängstlichkeit an. Einen wirksamen, klinisch einsetzbaren Stoff, der die Acetylcholinesterase, das abbauende Enzym von ACh, blockiert, kennen wir noch nicht.

Grundsätzlich können zerebrale Funktionsstörungen im Alter durch verschlechterte Durchblutung oder durch metabolische (enzymatische) Defekte verursacht sein. Die Summe der hirndurchblutungsfördernden Medikamente bringt — meiner Erfahrung nach — keine entscheidende Verbesserung der Hirnleistung. Die Verbesserung der Blutqualität als Transportvehikel ist sicher entscheidend.

Procain — seit Jahrzehnten empfohlen — wird von den klassischen Medizinern noch immer belächelt. Nach meiner Erfahrung, glaube ich (W. B.), zu Unrecht. Wir haben schon vor 20 Jahren an meiner Abteilung für chronische, neurologische Erkrankungen Injektionen von Procain i. m. gegeben (30 Injektionen Novanaest-Purum-2 Prozent à 5 ccm). Natürlich können Hemiplegiker nach Insulten oder Parkinson-Kranke nach 10 bis 20 Injektionen nicht besser gehen. Die allgemeine biologische Leistungsfähigkeit (motorisch, emotional) und die Reaktionsfähigkeit waren aber entschieden gebessert, d. h., massive Defekte mit Zerstörung der Ganglienzellen können durch Procain nicht gebessert werden. Aber es ist ohne weiteres vorstellbar, daß als Wirkung des Procains eine Stimulierung speziell katecholaminerger und cholinerger Neurotransmittersysteme hervorgerufen wird. Diese wäre für die allgemeine biologische Aktivitätssteigerung verantwortlich zu machen. Auch die Blockade des abbauenden Enzyms könnte zu einer Steigerung der cholinergen Funktion führen. Neuere Therapiestrategien beinhalten die Entwicklung Blut-Hirnschranken gängiger Vorstufen von ACh bzw. die Synthese von Substanzen, welche agonistisch bzw. antagonistisch Rezeptoren unterschiedlicher Neurotransmitter beeinflussen, um auf dieser funktionellen Ebene die kybernetische Balance der Neurotransmitter wiederherzustellen.

Für jeden, der in der Forschung der Synthese, des Umsatzes und des metabolischen Abbaues der Neurotransmitter arbeitet, ist der theoretische Weg vorgezeichnet. Die Biochemiker und Pharmakologen müssen unsere klinischen Anregungen nur in feste Daten umsetzen. Auch die Multi-Infarkt-bedingten Syndrome alter Menschen (Multi-Infarkt-Demenz und Multi-Infarkt-verursachtes Parkinson-Syndrom), deren Defekte vorwiegend durch mangelhafte Durchblutung ausgelöst sind, sprechen auf biochemische Behandlung nicht oder nur unzureichend an.

Der Schwerpunkt der modernen Therapie liegt in einer physikalischen Veränderung der Blutflüssigkeit im Sinne einer Verdünnung, einer Reduktion thrombotischer Entgleisungen und in einer Verminderung der Erythrozyten-Agglomeration. Eine Tonisierung der Herzpumpe mit Digitalis-Präparaten ist zusätzlich empfehlenswert.

Der herzschwache Senior braucht irgendwelche Digitalis-Medikamente, der Hochdruck-Kranke braucht blutdrucksenkende Medikamente, und da der Haltungsapparat infolge Abnützungserscheinungen in den Gelenken zu Schmerzhaftigkeit führt, braucht er natürlich auch dagegen etwas. Daraus ergibt sich eine ganz schöne Menge an Medikamenten. Dem praktischen Arzt ist es in die Hand gegeben, hier eine weise Auswahl zu treffen. Denn die Fachärzte verordnen selbstverständlich gegen die Beschwerden ihres Fachbereiches eine spezielle Palette. Alles in allem kommt es aber nicht so sehr darauf an, das Leben an sich zu verlängern, sondern dem Senior alle Lebensqualitäten verfügbar zu machen. Hiezu ist der gut ausgebildete praktische Arzt der geeignetste Helfer.

Bedeutung der Neurotransmitter für das Verhalten des Menschen

Unser Verhalten hängt vom kybernetischen Zusammenspiel der verschiedenen Neurotransmitter im gesamten Organismus ab. Wir haben einmal von der „Balance in der Mikrogalaxie unseres Gehirns" gesprochen und postuliert, daß im ZNS zwischen den spezifisch funktionierenden dynamischen Neurotransmittern z. B. DA und NA, und den relaxierenden Neurotransmittern, z. B. 5-HT, eine permanente rhythmische Steuerung besteht. Gleich einer Sinuskurve (Yin-Yang-Symbol) wechseln die dynamischen Neurotransmitter mit einem Höhepunkt um etwa 17 Uhr nachmittags und die relaxierenden Neurotransmitter mit einem Höhepunkt um etwa 4 Uhr morgens in ihrer Aktivität in gleitender Schaltung. Dieser gleitende Übergang von der Vorherrschaft der sympathischen Neurotransmitter zum Überwiegen der parasympathischen ist die Voraussetzung unseres harmonischen Befindens und Verhaltens. Dieses wichtigste biologische Phänomen des zirkadianen Rhythmus löst während des Tages eine höhere katecholaminerge Aktivität aus, während in der Nacht die parasympathische, einschließlich serotonerge, Aktivität überwiegt. 5-HT ist der Stimulator vieler trophischer Funktionen. Das NA ist hingegen der Aktivator des Wachseins. Jede Tätigkeit unseres Organismus erfordert eine wache Bewußtseinslage („Arousal reaction"), die durch NA von der Formatio reticularis vom Locus caeruleus aus induziert wird. Dieser zirkadiane Rhythmus wird auch von der Lichtintensität des Milieus beeinflußt. Die Zunahme der Lichtintensität bewirkt eine noradrenerge Stimulierung im Mittelhirn mit einer generellen Aktivitätszunahme. Die Abnahme der Lichtintensität führt zu einer 5-HT-Stimulierung. Melatonin könnte neben Eigenwirkung auch Mediator derartiger Funktionen sein. Die Steuerung biologischer Funktionen durch die Lichtintensität löst natürlich bei hellem Sonnenschein eine noradrenerge Überaktivität aus, die sich in der gesamten Leistungskapazität des Menschen spiegelt. Die biochemische Kapazitätssteigerung durch extreme Lichtquanten führt heute zu den modernen Behandlungsmethoden der Depression. Es ist verständlich, daß eine Zunahme der katecholaminergen Aktivität Symptome der Depression verbessern kann. Ein antipolares Beispiel eines Lichtentzuges in nördlichen und stark südlichen Regionen zeigt Abnahme von NA und DA in der Dunkelperiode. Damit einhergehend eine Inaktivität der gesamten Stimmungslage, und die klinische Erfahrung zeigt, daß im Winter in fast allen polaren Regionen eine doppelt so hohe Suizidrate festgestellt wurde als in mittleren geographischen Bereichen. Natürlich darf der Lichtkonsum auch nicht zu intensiv werden. Die Südländer (Griechen, Italiener, Spanier) schützen sich vor überstarkem Lichtkonsum durch entsprechende Lichtblockaden (Mittagsschlaf, Verschluß der Fenster durch Jalousien).

Dieser zirkadiane Rhythmus ist fraglos ein biologischer Archetypus, der in der Batterie unseres Hirnstammes ein vorindividuelles Instinktschema engrammatisiert hat. Dieses fixe biochemische Adaptationsprogramm kann auf die Dauer nicht straflos verändert werden. Man könnte auch ein Essay über lichtbedingte strukturelle und charakteristische Verhaltensweisen von Nordländern und Südländern schreiben. Im Norden weniger Licht, weniger NA, weniger Arousal, vermehrte 5-HT-Aktivität. Die vermehrte 5-HT-Aktivität des Nordens führt aber zu einer Reduktion der Arousal, Vigilanz, zur Verlangsamung der Motorik und vor allem der motorischen Reaktionsfähigkeit. Das kann man ganz einfach beim Vergleich eines italienischen mit einem nordischen Autofahrer feststellen. Dieser journalistische Seitensprung sollte nur zeigen, daß sämtliche allgemeinen und speziellen Verhaltensweisen von Neurotransmittern gesteuert werden.

Da die Neurotransmitter wohl nicht ausschließlich, aber doch vorwiegend im Hirnstamm synthetisiert und gespeichert werden, ist anzunehmen, daß sie beim gesamten Instinktverhalten eine besondere Bedeutung haben. Instinkte entsprechen fest programmierten Handlungsketten, die von einem Schlüsselreiz ausgelöst werden und in einem fix programmierten Ablauf das erwünschte Ziel erreichen oder versagen. Solche archetypisch fixierten Verlaufsschablonen laufen zwar mit einem ökonomischen Energieverbrauch ab, es fehlt jedoch die Variierbarkeit des motorischen Ablaufes. Ein Frosch, der nach einer Fliege schnappt, trifft sie oder verfehlt sie, ein Bussard, der aus der Luft auf eine Maus stößt, kann gleichfalls den programmierten Sturzflug nicht variieren. So wie es keine Pflanze gibt, die gegen das Licht wächst. Die Präzision der Neurotransmittersteuerung ist somit Voraussetzung des animalischen Überlebens.

Ein anderes Beispiel: die Übersprungshandlung („Sparking over", von Nico Tinbergen): Zwei Hähne stehen einander in kampfbereiter Position gegenüber, die erregte, aggressive Haltung läßt jetzt und jetzt ein kämpferisches Aufeinanderprallen befürchten. Plötzlich fangen beide Hähne zu picken an oder pflegen ihre Federpracht. Was geht hier biochemisch vor sich?

Die kampfbetonte Vorbereitungsstimmung ist vollständig noradrenerg und dopaminerg betont. Bei zwei annähernd gleich starken Gegnern wäre aber ein Kampf unter Umständen lebensbedrohend. Im Sinne des Instinktes zur Lebenserhaltung wird eine Übersprungshandlung ausgelöst, die z. B. orale Sättigung und sexuelle Stimulierung induziert. Dadurch wird die bedrohliche biologische Situation biochemisch durch Gegenregulation neutralisiert.

Ein anderes Beispiel einer biochemischen Neutralisierung von Verhaltensentgleisungen stellen die Leerlaufhandlungen dar. Konrad Lorenz berichtet von seinem Star, der wohlgesättigt im Zimmer umherflog, Fliegen jagte, eine davon fing und sie zu Tode beutelte und hinunterwürgte. Er hatte natürlich gar keine Fliege gefangen, die ganze Instinktkette war eine Leerlaufhandlung. Die künstliche Fütterung mit Mehlwürmern hatte seinen motorischen Jagdtrieb frustriert. Die nicht verbrauchte katecholaminerge Kapazität führte zur Frustration. Durch die Leerlaufhandlung der Scheinjagd wurde die Balance zwischen Motorik und Sättigung bzw. sympathischer und parasympathischer Aktivität wieder hergestellt.

Ein durch Appetenzhandlungen nicht abgesättigter Bedarf führt zu einer Frustration, die in der Tierwelt durch Leerlaufhandlungen rekompensiert wird. Beim Menschen sind Fehlhandlungen von Instinkten sehr oft nicht durch Leerlaufhandlungen rekompensiert. Mann oder Frau, die ein überreichliches Mahl konsumiert haben, haben sehr oft keinen Drang, diesen Überkonsum mit fehlender Erwerbsmotorik durch eine durch Feedback ausgelöste Leerlaufhandlung (Marsch auf den Leopoldsberg) zu neutralisieren, sondern sie fügen der parasympathischen Freßphase noch eine serotonerge Schlafphase hinzu.

Dauernde Fehlhandlungen gegen die archetypischen Regeln der biochemischen Balance müssen zu Störungen unseres harmonischen Befindens und Verhaltens führen. Jede Frustration führt zu einem Verlust der biochemischen Balance. Mit dem gesunden Menschenverstand oder mit ärztlicher Hilfe kann man die fehlgeleiteten Instinkthandlungen rekompensieren und die biologisch notwendige biochemische Balance wieder herstellen. In Fällen von streßgeplagten Politikern, die durch journalistische Querelen in einen durch vermehrte NA-Aktivität bedingten Streß geschleust wurden, in Fällen von Generaldirektoren, die durch konjunkturelle Depressionen in eine Angst mit Schlaflosigkeit geschlittert sind, muß eine aufbauende parasympathische Phase stimuliert werden. Das kann initial mit Tranquilizern oder durch Medikation von Präkursoren der Neurotransmitter (Dopa, DOPS, Tryptophan) neutralisiert werden. Auch Hemmstoffe der MAO können, so sie spezifische Angriffspunkte haben, die Balance wieder herstellen. Natürlich können auch psychotherapeutische oder verhaltenstherapeutische Maßnahmen den biochemischen Ausgleich wieder herstellen. Als Beispiel sei nur das autogene Training erwähnt, das eine parasympathische Aktion auslöst – mit Lösung der Angst und Spannung.

Wesentlich ist ein Prinzip: Jeder Mensch müßte wissen, daß permanente Fehlhandlungen seiner Lebensführung zu einem Verlust der biochemischen Balance führen, was vom Verlust seiner biologischen Harmonie gefolgt ist.

Noch ein Beispiel aus der Verhaltensforschung: Jedes Lebewesen in besonderer Gefahr ist imstande, sich totzustellen, um für das jagende Tier als Beute uninteressant zu werden. Am besten gelingt dies dem Opossum (die Engländer bezeichnen diesen Vorgang als „Play possum"). Was geschieht biochemisch? Das Tier in seiner Angst ist in seinem Verhalten noradrenerg und dopaminerg vorstimuliert. Es kann kämpfen oder fliehen. Zu beiden Reaktionen benötigt es einen entsprechenden Ausstoß an Bewegungstransmittern (DA) und eine helle Bewußtseinslage (NA). Nur dadurch werden rasche Entscheidungen möglich. Bei großer Gefahr kommt es jedoch per Feedbackmechanismen sowohl zu einem extremen 5-HT-Ausstoß als auch zu einer Blockade katecholaminerger Funktion durch Überstimulation. Der Effekt ist eine todähnliche Starre. Es ist dies ein biochemischer Kippvorgang (etwa einer menschlichen Synkope entsprechend). Da eine gleitende Schaltung zeitlich zu spät käme, wird dieses „Play possum" zur Lebensrettung aktiviert. Auch Menschen, die durch Ärger- und Zornsituationen in eine aggressive Stimmungslage gedrängt werden und dabei Herzschmerzen und Atemnot bekommen, tun gut daran, so einen Totstellreflex zu aktivieren und damit die gelegentliche lebensbedrohliche Streßsituation zu beseitigen. Der Wiener hat in solchen Situationen zwei archetypische Verhaltensweisen parat. In einer zu startenden Handlung zur Verhinderung der Lebensbedrohung sagt er energisch und aufbrausend: „Da muaß was g'scheh'n." Diesem Appell folgt meist ein virtueller Totstellreflex mit der Feststellung: „Da kann man nix machen." Verärgert über seine fehlende Aktivität zur Bewältigung eines Problems, sein NA auszustoßen, flüchtet er im Kippvorgang zum rettenden Totstellreflex, der keine Frustrationsstimmung aufkommen läßt, sondern nur die biochemische Balance mit Feedbackreaktion wieder herstellt.

Epilog

Neurologen sehen und beobachten Phänomene des Verhaltens, der Verhaltens- sowie Wesensänderung und sehen diese in bezug zu morphologischen Anomalitäten (z. B. bei Schlaganfall, Tumor, Zysten, degenerativen Erkrankungen). Der morphologische Schaden ist aber mit Veränderungen des Fließgleichgewichts, der Homöostase und der interneuronalen Funktionsantwort direkt gekoppelt. Der Aufbau dieser prinzipiellen Vorgänge ist aus Tab. 3 ersichtlich. Dem heutigen Wissensstand entsprechend kann angenommen werden, daß Änderungen kybernetischer Parameter im Nervensystem, abhängig von System, Systemverschaltung, Ausmaß und Ort der Störung, zu Verhaltensänderungen unterschiedlichster Art führen.

Ist ein direkter morphologischer Schaden als Ursache einer Verhaltensänderung auszuschließen, werden häufig soziale oder psychische Probleme als Auslöser in Betracht gezogen bzw. auch in Frage kommen. Der kausale Zusammenhang zu Änderungen neuronaler Prozesse als Folge dieser „Auslösermechanismen" wird aber selten hergestellt — das ist eben „psychisch", sagt man.

Beide Beispiele zeigen deutlich den Zusammenhang zwischen Psyche und Soma auf. Psychosomatik bzw. durch somatische Beschwerden beeinflußte Änderungen der Psyche eines Menschen sind daher kausal über biochemische Regelprinzipien verknüpft. Persönlichkeit und Körper-Geist-Verhältnis sind sowohl durch Tumoren, Zysten, Schlaganfälle etc. veränderbar wie auch durch Drogen und Psychopharmaka. Dabei ist ein zunächst wenig faßbarer Begriff wie „Persönlichkeit" bei näherer Auflösung ein das Individuum umfassend prägender Begriff, der unserer Ansicht nach auf eine

Tabelle 3. *Beschreibung wichtiger biochemischer Begriffe zum Verständnis übergeordneter Gehirnfunktionen*

Fließgleichgewicht

- Konzentration von Substraten und Produkten bleibt innerhalb eines gegebenen Zeitraumes konstant → Vortäuschung eines Gleichgewichtes
- Alle Prozesse streben ein Gleichgewicht an, erreichen es aber nie, weil laufend Substrat zugeführt und Produkte abgegeben werden (offenes System)
- $\Delta G' =$ negativ
- Das Fließgleichgewicht ist systembezogen

Homöostase

- Besteht ein Gleichgewicht zwischen Substratnachschub und -verbrauch bzw. zwischen Produktbildung und -entfernung, nennt man diesen Vorgang Homöostase
- Die Homöostase ist auf das System bezogen

Balance der Neurotransmitter

- Neurotransmitter-(Übertragersubstanzen-)Systeme sind häufig mit anderen derartigen Systemen gekoppelt und integrieren daher die Funktion verschiedener Gehirnregionen
  a) direkt (z. B. DA − ACh; nigro-striäres System)
  b) indirekt (mehr als zwei Systeme)
  c) Neurotransmitter − Hormon-Kopplung (DA − Prolaktin; Hypothalamus − Hypophysen-System)
- Neuronenfeldintegrale stellen den übergeordneten kybernetischen Bezug her. Aufbau des neuronalen Netzwerkes, Art der Verschaltung und Plastizität des Gehirns werden in Bezug gesetzt

---

individuelle Organisation des neuronalen Netzwerkes sowie neuronaler Membranstrukturen und in der Folge auf spezifische kybernetische Eigenschaften zurückzuführen ist. „Starke und schwache" Persönlichkeiten sind reduzierbar auf unterschiedliche Leistungsfähigkeit interneuronal ablaufender Funktionsprozesse und deren Modulierbarkeit. Gut funktionierende Rückkopplungs-(Feedback-)Mechanismen sind wesentliche biochemische und verhaltensgesteuerte Elemente. *Unzureichender biochemischer Feedback führt zu einem insuffizienten Verhaltensfeedback.* Je schneller ein biochemischer funktioneller Defekt kompensiert werden kann, um so rascher normalisiert sich das Verhalten. Schaukelt sich eine Situation auf, wird gleichzeitig die Rückkopplung verstärkt, so daß sich der Vorgang beruhigt. Fehlt die Rückkopplung, kann die Situation bedrohlich werden. Statistisch gesehen bewegt sich der Funktionsausstoß eines bestimmten Systems aus der Normalverteilung heraus. Extremfälle sind aber Notfälle.

In Abb. 14 sind prinzipielle übergeordnete Regelmechanismen zur biochemischen Beschreibung der Verhaltenssteuerung dargelegt. Wir nehmen an, daß vier verschiedene Transmittersysteme miteinander gekoppelt sind (es können auch zwei, drei, fünf oder mehr sein). Sie sind daher interneuronal in ihrer Einzelfunktion voneinander abhängig. Der durch die Mitte der Systeme 1 bis 4 gehende Kreis veranschaulicht die ausgewogene Balance der Systeme. Jedes System ist in der Lage, seine Aktivität nach Bedarf zu reduzieren bzw. zu verstärken (oberer Teil der Abb. 14). Wir nehmen weiters an, daß diese vier Systeme den „Antrieb" steuern. Im Normalzustand ist jedes System im Fließgleichgewicht und alle Systeme in einer Homöostase bzw. Balance. Wird das System 1 z. B. durch Streß induziert (biologische Regulation des Systems 1 zu einem höheren Funktionsausstoß), erfolgt verstärkte Induktion von System 2. Ein intraneuronaler Rückkopplungsmechanismus sorgt dafür, daß der erhaltene Stimulus reduziert wird. Im Normalzustand wird (hier nach dem 4. System) der interneuronale Rückkopplungsprozeß zu einer Normalisierung der ursprünglich erhöhten Aktivität von System 1 führen (Beispiel: Ein Hundertmeterläufer kniet angespannt in der Startvorrichtung, der Startschuß ertönt [System 1 wird induziert], der Läufer setzt diese Aktivität in Laufenergie um, er erreicht das Ziel; damit fällt die Spannung

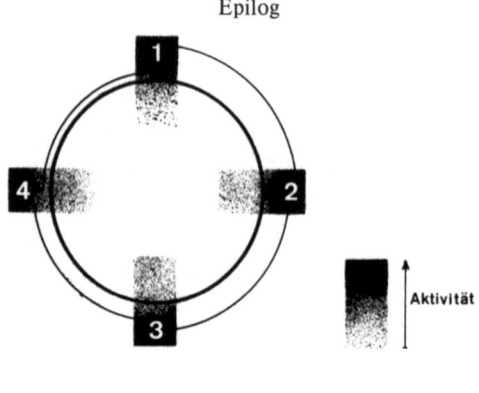

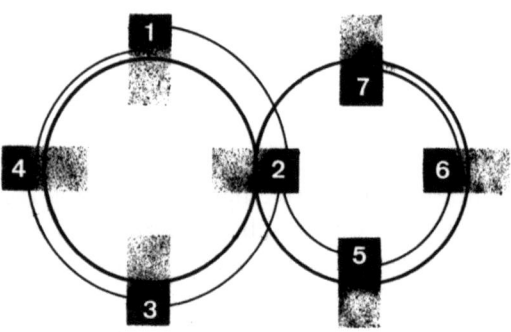

Abb. 14. *Oberer Teil:* Vereinfachte und hypothetische Darstellung eines Verbandes funktionell gekoppelter Transmittersysteme (System 1 bis 4). Jedes System besitzt die Fähigkeit der Selbstregulierung, andererseits wirkt es modulierend auf das Nachfolgesystem. Im Normalzustand besitzt jedes System einen charakteristischen Aktivitätswert, der regulierbar ist. Bei Änderung der Systeminduzierung (z. B. am System 1) wird über intra- und interneuronale Verbindungen durch Rückkopplung das ursprüngliche physiologische Niveau wieder hergestellt. Dieser biochemische „Feedback" löst einen Verhaltens-Feedback des Menschen aus
Unterer Teil: Hypothetische Annahme einer Kopplung zweier derartiger Systeme (System 1 bis 4 charakterisiert z. B. den „Antrieb", System 2, 5, 6, 7 wäre z. B. für „Emotion" verantwortlich). Biochemisch sind beide „Verhaltenskomponenten" im System 2 verbunden und beeinflussen einander daher. Die prinzipielle Vorgangsweise der Rückkopplungsmechanismen ist ident mit der Darstellung im oberen Teil der Abbildung

ab; die Systeme regulieren System 2 wieder in den Normalbereich herunter).

Der untere Teil von Abb. 14 zeigt wieder das System „Antrieb" (Transmitter 1 bis 4). Das System 2 ist aber hier mit einem anderen übergeordneten Regelkreis verknüpft, z. B. Emotion (Systeme 2, 5, 6, 7). Auch Emotion unterliegt einer Rückkopplungsregelung, wie sie vorhin beschrieben wurde. Emotion und Antrieb sind aber häufig eng verknüpft; z. B. ist Freude immer mit gesteigertem Antrieb verbunden (der Siegläufer reißt die Arme hoch, er springt oder läuft eine Ehrenrunde etc.).

Wir wollen diese Hypothese nicht durch weitere Systemverknüpfung verkomplizieren. Wir wollen aber auf die enge Abhängigkeit von Psyche und Soma hinweisen und diese durch eine biochemische Modellvorstellung untermauern. Dabei ist es gleichgültig, ob der Auslöser einer biochemischen Dekompensation ein Tumor, Schlaganfall, eine Zyste, Drogen oder Gesprochenes, welches durch wellenmechanische Prinzipien über neuronale Membranen auf Neurotransmittersysteme übertragen wird, ist. Psychopharmaka, autogenes Training, Psychoanalyse, Sozialtherapie, Religion, Yoga etc. sind demnach Möglichkeiten zu biochemischer Kompensation. Die Intensität der Beeinflußbarkeit neuronaler Systeme durch derartige Maßnahmen ist allerdings extrem verschieden, so daß nicht jede Verhaltensänderung mit jeder dieser Therapieformen bzw. Lebensregeln verbessert werden kann.

Literatur zum Thema

Birkmayer W, Winkler W (1951) Klinik und Therapie der vegetativen Funktionsstörungen. Springer, Wien
Birkmayer W (1951) Hirnverletzungen. Springer, Wien
Birkmayer W (1970) Urbane Anthropologie. Monatskurse ärztl Fortb 20: 505–507
Birkmayer W, Danielczyk W, Neumayer E, Riederer P (1972) The balance of biogenic amines as condition for normal behaviour. J Neural Transm 33: 163–187
Birkmayer W, Riederer P (1985) Die Parkinson-Krankheit. Biochemie, Klinik, Therapie, 2. Aufl. Springer, Wien New York
Birkmayer W (1986) Der Mensch zwischen Harmonie und Chaos, 5. Aufl. Deutscher Ärzteverlag
Böhme W (Hrsg) (1980) Herrenalber Texte 23: Wie entsteht der Geist. Gebr Tron KG
Changeux JP (1984) Der neuronale Mensch. Rowohlt
Ditfurth H von (1976) Der Geist fiel nicht vom Himmel. Hoffmann und Campe
Freud S (1950 ff) Gesammelte Werke. Imago
Jovanovic UJ (1976) Schlaf und vegetatives Nervensystem. In: Sturm A, Birkmayer W (Hrsg) Klinische Pathologie des vegetativen Nervensystems. G Fischer, S 363
Lorenz K (1978) Vergleichende Verhaltensforschung. Grundlagen der Ethologie. Springer, Wien New York
Lorenz K (1981) Über tierisches und menschliches Verhalten. Aus dem Werdegang der Verhaltenslehre. Piper
Popper KR, Eccles JC (1982) Das Ich und sein Gehirn. Piper
Vollmer G (1975) Evolutionäre Erkenntnistheorie. Hirzel

Sachverzeichnis

Acetylcholin 1, 2, 6–7, 61
Acetylcholinstoffwechsel 6
Adrenalin 1
Akinesie 66
Alkohol 50, 52
Alkoholismus 72
Amantadin 75
Aminosäure-abhängige Neurotransmitter 1
Angriffspunkte der Psychopharmaka 20–31
Angst 4, 51
  Angst blockiert Motorik 66
  Angst bei Depression 92
  Angstreaktion bei langen Autofahrten 49
  Angstreaktion beim Fliegen 49
Anorexia nervosa 69, 76
Anpassungsleistung 16
Anticholinergika 75
Antidepressiva 26, 76
Antrieb 134
Appetit 69
Aspartat 1
Asthmaanfall 5, 105
Autogenes Training 4, 16, 49

Balance der Neurotransmitter 10, 19, 63, 132
Bandscheibenprotrusion 36, 38
Bewertungsskala für Depressionen 87
biologische Dekompensationen 17–19

biologisches Territorium 72
Blutdruck 2, 4
Blutdrucksenkung 5
Brachialgia paraesthetica nocturna 37
Bradyphrenie 70, 77
„Brennende Füße" 37
Bromocriptin 74
Bronchien 2, 5
„Burning Feet" 37

Chemische Transmission –
  Schema 20, 21
Cholin
  cholinerge Aktivität 73
  cholinerge Neurotransmitter 1
Chorea Huntington 61
Cluster-Kopfschmerz 41

Demenz 59
  vom Alzheimer-Typ 70, 71
Denkaktivität 5
Deprenyl (Jumex) 74
Depression 51, 70, 81–95
  Bewertungsskala 87
  biochemische Analysen 82
  Therapie 90–95
Dopa-Substitution 63, 72
Dopamin 1
  Dopamindefizit 57, 58
  dopaminerge Aktivität 73
  Hyperaktivität 18
  Hypoaktivität 18

Emotion 134
 und Motorik, Parkinson-Krankheit 66
emotionale Spannung 4
Energizer 25—26

Feedbackmechanismen 10, 22, 57, 133
Fettsucht 103
fight and flight 67
Fliegen, Rem-Phasen 45
 Angst 49
Fließgleichgewicht 9, 132
Freezing-Phänomen 64
Frustrationen 50

GABA 1, 7—8, 61
GABA-Stoffwechsel 8
Gallensekretion 2
Gammaschleife 4
 Schema 65
Gang des Parkinson-Patienten 67
Geburtsakt 5
Gedächtnis 1
Gedächtnisfunktion 6
Gewichtszunahme 5
Glutamat 1
Glycin 1

Harnausscheidung 2
Hautreaktion 7
Histamin 1, 7
Homöostase 11, 132
Hyperaktivität
 Dopamin 18
 Noradrenalin 17
 Serotonin 18
Hypnose 4
Hypoaktivität
 Dopamin 18
 Noradrenalin 17
 Serotonin 18
Hypotonie, orthostatische 76

Ileus 4
interneuronale Neurotransmitter, Rückkopplung 10

Jumex (Deprenyl) 74

Kaffee 50
Katecholamine 2
 katecholaminerge Neurotransmitter 1
klimatische Schlafbedingungen 54
Klüver-Bucy-Phänomen 7
Konsum wachmachender Stoffe 50
Kopfschmerz 7, 40
 bei intrakranieller Drucksteigerung 40
 bei Wetterveränderung 40, 41
 Cluster-Kopfschmerz 41
 Spannungskopfschmerz 42
 vasomotorischer Kopfschmerz 41
Körper-Geist-Verhältnis 131
Kreuzschmerzen 39
Kybernetik 11

Licht 16
Lichtreiz (Film, Fernsehen) 49

Magensaftsekretion 2
Magersucht 69, 103
manische Phasen 51—52
Medikamentenmißbrauch 72
Migräne 40
 bei Wetterveränderung 40, 41
Monoaminoxidase 59
Monoaminoxidase-Hemmer 29—31
Migraine accompagnée 41
 cervicale 39

Motivanalysen 16
motorische Nervenwurzel 1
Müdigkeit 5
Muskeltonus 38
Myasthenie 6

Neuroleptika 27–29, 52
Neuron 11–17
Neuropeptide 1, 33, 35, 61
Neurosen 105–108
Neurotransmitter
  Balance der 10, 19, 63, 132
  für das Verhalten des Menschen 125–130
  im Alter 117–124
  Therapie 120 ff
Neurotransmitter-Systeme 1–9
  Aminosäure-abhängige 1
  cholinerg 1
  histaminerg 1
  katecholaminerge 1
  Neuropeptide 1
  serotonerg 1, 4
nigrostriäres System 56
niedrige Dosierung von Antiparkinson-Therapie 60
Noradrenalin 1, 2, 35, 44
  Hyperaktivität 17
  Hypoaktivität 17
  noradrenerge Bahnen 2

Obstipation 4, 75
Ödeme 5, 38
Off-Phasen 59
Orthostatische Hypotonie 76
Overstreß-Syndrom 99
parasympathisches System 1
  parasympathische Neurotransmitter 2
Pankreassekretion 2
Parkinson-Krankheit 56–80
  Akinesie 66

Appetit 69
biochemische Befunde 62
Bradyphrenie 70, 77
Emotion und Motorik 66
Freezing-Phänomen 64
Gang 67
Haltung 68
Magersucht 69
niedere Dosierung von Antiparkinsonmedikamenten 60
Obstipation 75
Off-Phasen 59
orthostatische Hypotonie 76
Propulsion 67
Rigor 64
senile Demenz vom Alzheimer-Typ 70
Sprechen 67
Substitution von L-Dopa 63, 72
Tremor 63
Wetterfühligkeit 68
Parkinson-Therapie 73–77
  Amantadin 75
  Anticholinergika 75
  Bromocriptin 74
  Deprenyl (Jumex) 74
  L-Dopa 63, 72
  Synopsis der Therapie 77–80
pathogene Schlafphasen 54
Peristaltik 2
  der Harnwege 5
permanente Induktion 16
Polyneuropathie 36
postsynaptische Rezeptoren 13
präsynaptische Rezeptoren 13
Procain 123
Propulsion 67
Psyche 14
Psychoanalyse 14, 15
Psychopharmaka
  Angriffspunkte und Zielwirkung 20–31

schematische Darstellung 30, 31
Psychopathien 109–116
Psychosomatik 14, 15
Psychotherapie 16
psychotische Erregungsphasen 52

Reize
  emotionale Reize 49
  Lichtreize 49
  Reize aus dem Unbewußten 49
  Schmerzreize aus der Peripherie 49
REM-Phase 45, 47
  beim Fliegen 45
Rezeptoren 13
  postsynaptische 13
  präsynaptische 13
  Schmerzrezeptoren 36
Rigor 64
Rückkopplung
  Rückkopplungsmechanismen 9, 22, 133
  interneuronale Neurotransmission 10

schematische Darstellung
  chemische Transmission 20, 21
  Dopamindefizit bei der Parkinsonkrankheit 58
  Gammaschleife 65
  nigro-striäres System 56
  Schlafperiode 46
  Wirkmechanismus der Psychopharmaka 30, 31
Schlaf 4, 44–55
  Bedürfnis 5
  klimatische Bedingungen 54
  pathogene Schlafphasen 54

Schlafperiode, schematische Darstellung 46
Schlafrhythmus 44
Schlaf-Wachrhythmus 45
schlafsteuernde Zentren 44
Störfaktoren 48
  Film- und Fernsehkonsum, Lichtreiz 49
Tiefschlafphasen 47
Schleimproduktion 5
Schleimsekretion 2
Schmerz 32–43
  epikritischer 32, 35
  Schmerzneuron 34
  Schmerzrezeptoren 36
  Schmerzreize aus der Peripherie 49
  segmentaler 36
  Therapie 36
  vegetativer 32
  Zoster-Schmerz 42, 43
Schmerzschwelle 4
Schwangerschaft 5
Serotonin 1, 4–5, 34, 44
  Serotonin-Defizit 51
  Hyperaktivität 18
  Hypoaktivität 18
  serotonerge Neurotransmitter 1
Sinnesempfindung 1
Soma 14
Spannungskopfschmerz 42
Speichelsekretion 2
Sprache 1
Störfaktoren des Schlafes 48
Streß 72, 98
  Overstreß-Syndrom 99
Strophantin 53
Subsensitivität 60
Substanz P 8–9
Substitution von Dopa 63, 72
Sucht 72
Suggestionstherapie 4

Sachverzeichnis

Supersensitivität 13, 60
Synthese 2

Therapie
  Neurotransmitter im Alter 120 ff
  Procain 123
  Parkinson-Krankheit 73—77
  Synopsis 77—80
  vegetativ-affektive Dekompensation 101—103
Tiefschlafphasen 47
Tranquilizer 23—25, 53
Transmitter 1
Tremor 63
Trigeminus-Neuralgie 36, 42
Überträger 2

vasomotorischer Kopfschmerz 41
vegetativ-affektive Dekompensation 96—104
  Therapie 101—103
vegetative Entgleisungen 69
Verdauungsfunktion 2
Verhaltenssteuerung 133

wachmachende Stoffe 50
Wetterfühligkeit 16, 40, 41, 68
Willkür-Motorik 1

zerebrale Mangeldurchblutung 52
Zielwirkung der Psychopharmaka 20—31
Zoster-Schmerz 42, 43

Konrad Lorenz

Vergleichende Verhaltensforschung

Grundlagen der Ethologie

1978. 1 Porträt. 32 Abbildungen. XIV, 307 Seiten.
Gebunden DM 49,-, öS 345,-. ISBN 3-211-81500-7

„... Dieses Buch ist ein wissenschaftliches Ereignis besonderer Art und bestätigt auf glänzende Weise, daß K. Lorenz selbst der berufene Künder seiner Lehre ist, wie O. Koehler schon 1963 meinte. Alle wichtigen Themen, Begriffe und Axiome der vergleichenden Verhaltensforschung werden hier in ihrer historischen Entwicklung beschrieben, zusammengefaßt, variiert und immer wieder auch mit neuesten Einsichten verknüpft. Das Buch ist also alles andere als eine kanonisch-dogmatisierende ‚Verhaltenslehre‘, es ist ein Stück Wissenschaftsgeschichte und eine kritische – auch selbstkritische – Darstellung der Methoden, Fragestellungen und der noch ungelösten Probleme dieser jungen Wissenschaft..."

Biologisches Zentralblatt

Springer-Verlag Wien New York

W. Birkmayer/P. Riederer

Die Parkinson-Krankheit

Biochemie, Klinik, Therapie

Zweite, neubearbeitete Auflage
1985. 57 Abbildungen (davon 1 farbig). XIX, 250 Seiten.
Gebunden DM 88,-, öS 616,-
ISBN 3-211-81854-5
Preisänderungen vorbehalten

Inhaltsübersicht: Einleitung – Biochemie des Hirnstamms – Klinik – Therapie – Krankheitsverlauf – Betrachtungen über das menschliche Verhalten – Literatur – Sachverzeichnis.

Das Buch behandelt die Parkinson-Krankheit als biochemischen Defekt. Ausgehend von Synthese und Abbau der verschiedenen Transmittersubstanzen des Hirnstamms über die auf diesen chemischen Mangelzuständen basierenden klinischen Symptome wird die entsprechende Therapie geschildert. Diese Therapie besteht in der Substitution der fehlenden Transmittersubstanzen durch die entsprechenden Präkursoren. Spezifische Enzymhemmer der Dekarboxylase und der Monoaminoxidase, die eine Intensivierung der Dopa-Substitution auslösen, werden dabei ebenso besprochen wie die Nebenwirkungen und die Verlaufskriterien der Parkinson-Krankheit. Die Bedeutung des Buches liegt darin, daß hier erstmals aus dem Fachgebiet der Biochemie einerseits und dem der Klinik und Therapie andererseits eine geschlossene Zusammenschau gegeben wird.
Für die nun vorliegende zweite Auflage wurden viele Kapitel neu geschrieben. Sie stellt nicht nur eine Ergänzung und Ausweitung klinischer therapeutischer Prinzipien (z. B. der dopaminergen Agonisten) dar, sondern gibt auch den neuesten biochemischen Wissensstand wieder.

Springer-Verlag Wien New York

MIX
Papier aus verantwortungsvollen Quellen
Paper from responsible sources
FSC® C105338

If you have any concerns about our products,
you can contact us on
ProductSafety@springernature.com

In case Publisher is established outside the EU,
the EU authorized representative is:
**Springer Nature Customer Service Center GmbH
Europaplatz 3, 69115 Heidelberg, Germany**

Printed by Libri Plureos GmbH
in Hamburg, Germany